新聞記者がネット記事をバズらせるために考えたこと

斉藤友彦
Saito Tomohiko

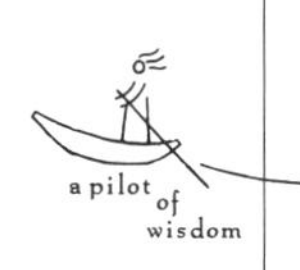

はじめに

忘れられない言葉がある。

15年ほど前、東京・市谷（いちがや）のカフェで、ある編集者と向き合っていた。私は当時、共同通信社の記者になって12、13年目。入社以前から、本を書くことを夢見ていた。「これまでに取材してきたテーマをまとめたら、本にならないだろうか」。以前から知り合いだった彼に、相談に乗ってもらおうとしたのだ。

彼が勤める出版社はあまり大きくはなかったが、えり好みできる立場にはない。彼は私の話を熱心に聞いてくれた上で、しばらく考えさせてほしいと言った。そしてコーヒーカップを口に運びながら、こんな問いを投げかけてきた。

「これまでに雑誌とか、勤務先の『外』で何か書いたことありますか？」

「ないです」。私が即答すると、うーんと言ってからやや小声で、「難しいかも、ですね」

と続けた。

　納得がいかなかった。確かに、それまで本を書いたことも雑誌に寄稿したこともなかったが、誰だって最初は未経験者だ。それに記者として10年以上、毎日記事を書いてきた。文章力にはそれなりに自信もある。私が表情を曇らせたことに気付いたのだろう、すぐに彼は口を開き、こう言った。

「新聞記者って、文章うまくない人が多いんですよね」

　言葉がすぐには頭に入ってこなかった。そんなことを言われるとは思っていなかったからだ。繰り返しになるが、記者は文章を毎日書いている。しかも、散漫にならず、要点を簡潔に、コンパクトに、無駄なく書くよう教育されている。

　特に、私が勤める共同通信社では書き方が徹底されている。重要なポイントをできるだけ記事の前に置き、配信を受けた新聞社が記事を途中で切って紙面に掲載しても、意味が通じるようにしている。これは「逆三角形スタイル」と呼ばれ、読者へ効率的に情報を届けるには、最も優れた技法とされてきた。記者を10年もやっていれば、たちどころに逆三角形の記事を書くことができる。

それだけに、彼の言葉は心外だった。

結局、本を書きたいという私の申し出は、その後うやむやになった。幸いにも数年後、別の出版社から本を出すことはできたが、それでも、彼があの時言った「記者は文章がうまくない」は、モヤモヤした疑問となって私の頭の中にずっと残っていた。

しかし、今となってはあの言葉の真意が分かる。しかも納得もできる。記者は一般的に文章が下手だ。もちろん、中には文章が上手で著作が多い人もいるが、そうした記者は、全体から見れば少数派だと思う。

そう思えるようになったきっかけは、デジタル向けに記事を出す部署「デジタルコンテンツ部」が社内に新設され、初代の部員として配属された2021年のこと。

この部署では、1500字〜4000字程度の長文記事を出している。配信先は加盟新聞社のほか、Yahoo!ニュースなどのプラットフォームもある。基本的に共同通信を名乗らず、「47NEWS」という名称で公表されている。書き手は共同通信の記者たち。私はデスク（記者の原稿を手直しする立場）として原稿を推敲（すいこう）したり、その内容や書き方を提案したりしているのだが、最初に送られてくる原稿の大半が、実に読みにくかった。

その理由は、誤解を恐れずに言い切れば書き方が「新聞記事」だから。文章が１５００字を超えると、逆三角形スタイルは途端に読みにくくなる。記事の要点が文章の最初のほうにぎゅっと凝縮されており、窮屈な印象が拭えない。このままインターネットに配信しても、読者はすぐに嫌になり、冒頭部分で離脱してしまうだろう。

編集者の彼が言いたかったのはこれだな、と腑に落ちた。一口に文章と言っても、限られた紙幅にできるだけ多くの情報を詰め込む新聞と、字数制限がほぼないデジタルの世界では、書き方はまったく異なる。デジタルでの書き方は、どちらかと言えば雑誌のようなスタイルに近いのではないかと考えた。

そこからは試行錯誤の連続だった。どうすればより多くの人に読んでもらえるのか模索した。どういう書き方の文章が実際によく読まれるのか、プラットフォーム上に並ぶ無数の記事から私が何気なく選ぶ時、その見出しのどこに惹かれたのか、そしてデスクとして担当した原稿に何が足りないのかを、掘り下げて考えることが日課になった。

それを続けているうちに、平均的なページビュー（ＰＶ）が上がり、いわゆる「バズる」記事も高確率で出るようになった。

本書では、そうやって身につけた書き方のエッセンスを紹介する。私の職業的なバックボーンからお分かりのように、対象はノンフィクションであって、当然、小説の書き方については分からない。ただ、報道目的の文章だけでなく、プレゼン用や私的な内容をブログなどに書く際にも当てはまるものと考えている。

まず、新聞での書き方とデジタルでの書き方を比較し、両者がいかに違うのか、新聞記事という「特殊な世界」を紹介したい。次にデジタル記事が試行錯誤の末、最終的にどういう形態になっていったかを、実際の記事を例に挙げながら解説し、なぜデジタル記事ではスタイルを変える必要があるのかを、「読者の変化」との関わりから説明する。最後に、オールドメディアの代表格である新聞がデジタルの世界でどうなっていくのか、生き抜くためにどうすべきなのか、そもそも生き抜けるのか、それぞれの可能性について、デジタルを担当したことで考えるようになった視点から詳述しようと考えている。

「文章の書き方」的な本を私が書くのは、偉そうでおこがましいことと思う。正直に言って、私はもともと文章がうまいわけでもなく、どちらかと言うと不器用な記者だった。それでも、文才がなくてもバズらせることができるという点から、そのための試行錯誤や工夫を伝える意味はあるのではないかとも思う。

最後に言い訳になるが、バズらせられるかどうかは、いまだに試行錯誤の過程にあり、本書の内容が「正解」ということではもちろんないことをお断りしておきたい。

目次

第2章　新聞スタイルの限界

当初は原稿に手をあまり加えなかったが……
PVを稼げないのはなぜ？
週刊誌をまねしてみたら
たまたまうまくいっただけ？
読まれる記事にある五つの要素
「長文は読めない」というZ世代
もっと多くの人に意見を聞きたい
問題はリードにあった
出るわ出るわ「ここも読みにくい」
記事の冒頭から「分からない」
新聞記事のとっつきにくさ
ニュースは「不意に出会うもの」
「他人事」では読まれない

第3章　デジタル記事の書き方

おわりに

二次情報があふれる世界の恐ろしさ
陰謀論、社会の断絶……
ジャーナリズムが生き残る必要性
感情の世界でメディアはどうする？

第1章　新聞が「最も優れた書き方」と信じていた記者時代

基本の形「逆三角形」

デジタル記事の書き方を説明する前に、新聞記事の書き方から説き起こしたい。なぜ新聞？と思われるかもしれないが、その理由はいくつかある。

一つには、情報を伝えるのに最も優れていると長く信じられてきた書き方だからで、もう一つにはデジタルでの書き方について後の章で述べる際に、新聞記事と比較するとより分かりやすく説明できるからだ。私自身が新聞記者出身だから説明しやすい、という点もある。

さて、最初に言いたいのは、「新聞記事の書き方には、一つのパターンがある」ということだ。
「はじめに」でも述べたが、このパターンは、私が勤める共同通信社内では「逆三角形」と呼ばれている。一言で言えば、読者に伝えるべき最も大切なニュースの内容を、記事のできるだけ前に持ってくるというもの。段落単位で考えると、前にあればあるほど重要な内容で、段落が後ろにいくほど重要度が下がるということになる。当然、最も重要な要素は第1段落に置かれる。この第1段落は、新聞では「リード」と呼ばれている。

リードには、記事が伝えるニュースの結論が書かれている、と言い換えることもできる。新聞記事は一般に、1行が11字〜12字詰めになっており、リードは平均10行〜20行ぐらいという感覚。

つまりリードは100字程度、長くても200字程度ということになり、この中にニュースのエッセンスを詰め込むことになる。

実際に新聞記事を書こうとする記者は、次のような感じで進めている。まず、最も重要な要素を第1段落、つまりリードに詰め込もうと考える。すると、リードに収まりきらない要素が出てくるから、その中からある程度重要だと思うものを第2段落に入れる。ただし、段落が長くなりすぎると読みにくくなるため、第2段落の後ろに、新たに第3段落を作り、収まりきらなかった要素をさらに入れていく……。

言葉で説明してもまだるっこしいので、例文で説明したい。架空の殺人事件を例にして、事件の発生から容疑者の逮捕、起訴、そして裁判、判決までをそれぞれ書いていくと、こんな感じになる。

【記事例1】（事件発生）

○日午前○時ごろ、○県○市○の路上で、近くに住む小学3年の女児、○さん（○）が、背中から血を流して倒れているのを、通りがかった男性が見つけ、110番した。○さんは病院に運ばれたが、死亡が確認された。○さんの背中には刃物で刺されたような傷があり、○県警は、殺人事件とみて捜査を始めた。

県警によると、刃物は見つかっていない。

現場近くに住む会社員○さんは取材に「普段は静かな場所なのに、殺人事件が起きるなんて信じられない」と話した。
現場はＪＲ〇駅から約〇キロ北東の住宅街。

　殺人事件の発生について書いた記事だ。この記事の第１段落を見ていただければ、何が重要な要素かが分かると思う。リードには、いつ、どこで、誰が、どのように、どうなったかが詰め込まれ、続いて警察が「殺人事件だ」と言っているところまで入っている。事実の基本事項とも言うべき「５Ｗ１Ｈ」（WHO/WHAT/WHEN/WHERE/WHY/HOW）がほぼ含まれている。細かく見ていくと、ＷＨＹ、つまり理由だけは、この時点では分からないから含まれていない。事件がもう少し詳しく解明されれば分かってくることになる。続いて、２段落目にあるのは凶器の行方であり、リードの内容と比べると重要度が落ちる、と判断されている。
　この事件の次の展開として、容疑者が逮捕されたとする。すると、記事の書き方はこうなる。

【記事例2】（逮捕）

○県○市で小学3年の女児、○さんが殺害された事件で、○県警は○日、殺人容疑で同県○市の大学生、○容疑者を逮捕した。○容疑者は「殺すつもりはなかった」と供述している。

逮捕容疑は○日午前、○市の路上で、○さんの背中を持っていたナイフで刺し、殺害した疑い。

県警によると、○容疑者は○さんと面識はなかったという。県警は動機や詳しい経緯を調べている。

第1段落を見ていただければ、事件発生とはだいぶ書き方が変わっていることが分かると思う。ニュースの中で、重要な要素が「逮捕された」ことに移ったため、こうなった。

リードに含まれているのは、①殺人容疑であること、②容疑者の居住地と肩書きと名前、③逮捕されたこと、そして、④この容疑者が自分の容疑について供述している内容だ。

一方、記事例1で書かれていた内容はすでに目新しさがなくなったため、ごく一部を残してリードから消えている。

逮捕された後の次の展開は起訴、そして裁判だ。それぞれの段階の例文は次の通り。各段階で何が重要な要素か、何がニュースになっているのかは、リードに注目すれば分かる形になっているので、読んでいただきたい。

【記事例3】（起訴）

○県○市で小学3年の女児が殺害された事件で、○地検は○日、殺人罪で、○容疑者を起訴した。

起訴状によると、○被告は○月○日、○市の路上で○さんの背中をナイフで刺し、殺害したとしている。

○地検は被告が罪を認めているかどうか明らかにしていない。

【記事例4】（初公判）

○県○市で○月、小学3年の女児が殺害された事件で、殺人の罪に問われた○被告は○日、○地裁の裁判員裁判の初公判で起訴内容を認めた。○被告は「殺害したことは間違いありません」と述べた。

検察側は冒頭陳述で、「被告は女児に好意を抱いて声を掛けたが、女児が逃げたため、かっとなって追いかけ、殺害した」と主張した。

起訴状によると、○被告は○月○日、○市の路上で○さんの背中を、持っていたナイフで刺し、殺害したとしている。

【記事例5】（判決）

○県○市で○月、小学3年の女児が殺害された事件で、○地裁は○日、殺人罪に問われた○被告に懲役13年（求刑懲役15年）の判決を言い渡した。

判決理由で○裁判長は「身勝手な理由による犯行に酌量の余地はない。白昼の事件で社会にも大きな衝撃を与えた」と指摘した。

判決によると、○被告は○月○日、○市の路上で女児に声を掛けたが、逃げられたためかっとなり、持っていたナイフで背中を刺し、殺害したとしている。

ここまでに挙げた記事例1〜5について、それぞれのリードを読み比べると、その時々によって何がニュースかが移り変わっていることがお分かりいただけると思う。

記事例1は、事件が起きたことそのものがニュースだったから、その内容である5W1Hをリードに入れようとしている。記事例2では、容疑者が逮捕されたことがニュースで、事件の内容自体はすでに報じられているため、5W1Hはリードから外れた。記事例3では容疑者が起訴されて被告になったことがニュースのため、それ以外の要素は次の段落に書かれたり、省略されたりしている。

記事例4では被告の公判が始まり、罪を認めたこと、最後の記事例5では、被告が一審判決で懲役刑を受けたことがニュースになっている。なぜ「懲役13年」になったのかという理由もニュースの大切な要素であるため、リードの次、第2段落に書かれている。そして、記事例1ではリードにあった事件内容は、最後の3段落目にまで下がっている。

リードさえ書ければ何とかなる

この逆三角形の書き方は、事件記事に限った方法ではもちろんない。政治でも経済でも、海外ニュースでも、あるいは解説的な記事であっても、新聞では原則的に同じパターンで書かれている。

だから、数多くの記事で埋め尽くされる新聞をゆっくり読む時間がなくても、それぞれの記事のリードだけ読んでおけば、あるいは見出しだけでも眺めておけば、その日のニュースの大まかなポイントは把握できるようになっている。これは新聞の大きな利点だと思う。

ところで、ここまで事件記事を例に挙げて説明してきたのには理由がある。それは多くの新聞記者が、つまり私自身もだが、新聞記事の書き方を理解する、つまり逆三角形スタイルとは何かを最初に身につけたのが事件取材を通じてのことだったためだ。

新聞記者の大半は、入社後に配属された先でまず事件取材を担当する。事件が起き、容疑者の逮捕から判決まで、見よう見まねで原稿を書いていく。それをデスクが跡形もなく修正し、完成品の記事となって新聞社などに配信され、紙面に掲載される。その紙面を見て、自分の原稿がデスクにどう直されたか（というより、跡形もないのでデスクがどう書いたか）を学んでいく。そうして、「ああ、こうすれば逆三角形になるのか」と納得して書き方を体得していく。記者になりたての新人時代の私は、毎日その繰り返しだった。

少なくとも私が入社した1990年代後半当時は、新人研修のプログラムの中に、記事を書くトレーニングはなかった。だから、いきなり配属された実際の現場で、記事を書きながらオン・ザ・ジョブ・トレーニングで学んでいくのが当たり前だった。

私が新人だった頃、デスクにこう言われたのを覚えている。

「自分が何か記事を書きたいと思ったら、まずリードを書いてみろ。リードさえ成立していれば、後は何とかなる」

繰り返しになるが、リードにはニュースの中でも最も大切な要素が入る。それを100字、長くても200字程度に収める。リードに何を書くべきかを考えることは、「何がニュースか」を考えることにつながる。その後、何年も記者をやっていると、取材をしている最中に「何がニュースか」を探しながら話を聞くことが「習い性」になってくる。

通信社の宿命

私が勤務する共同通信社は、この逆三角形スタイルが他の新聞社より徹底されている。解説記事、事件現場の様子などを伝える「雑観」と呼ばれる記事、インタビュー記事と、あらゆる記事が逆三角形で書かれる。一方、他社の紙面では、そこまで徹底されていないことも感じてきた。ただ、これにも理由がある。

新聞紙面には、当然限りがある。ある記事が、たとえば80行の長さで通信社から配信されたとしても、紙面の都合で40行程度しか載せられないこともある。そのような場合、新聞社は配信記事のうち、後半部分をすぱっと削除して、前半の40行だけを載せることになる。前述の通り通信社から来る記事は必ず逆三角形、つまり大切な要素ほど記事の前のほうにあり、後ろにある要素は前にある要素より重要度が落ちる、と考えることができるから、後ろの部分を切りたいところで切った上で紙面に掲載する。

それなら、通信社が最初から40行で配信すればいい、と思われるかもしれないが、なかなかそうはいかない。80行を載せられるほど紙面に余裕があるか、具体的に何行程度まで載せられるかは、記事配信を受ける各新聞社によってまちまちだからだ。紙面の余裕、言い換えれば載せるべきニュースの多い・少ないは、日によって、あるいは同じ日でも時間帯によって変わる。そうした状況は、紙面を持たない通信社には分からないため、とりあえず最適と考える長さ、たとえば80行なら80行で配信する。その代わり、配信した各新聞社にどこで切られても意味が通じるように、重要な情報ほど前の段落に書き込む逆三角形スタイルを徹底している。

この逆三角形スタイルは、新聞社の長年の工夫の末に編み出され、「情報を届ける上で最も優れた書き方」とも言われた。私が若手だった頃、社内で記事の書き方を学ぶ際に、講師役のデスクら上司がそう誇らしげに語っていたことをはっきり覚えている。私自身も、ずっとそう信じていた。日々、もっとうまく、もっと早く逆三角形で記事を書けるようになりたいと考えて努力していた。

1字でも省略したい

ところで、新聞記事には逆三角形であることともう一つ、重視されているポイントがある。それはコンパクトであること。だらだらと冗長にならず、できるだけ簡潔にニュースの要点を伝えることも徹底される。限りある紙面にできるだけ有用なニュースを載せ、たくさん届けられるようにするためと言い換えることもできる。読者からすれば、そんなことは当たり前だと思われるかもしれない。しかし、このコンパクトさを突き詰めていくと、少しでも行数を減らそう、文字数を削ろう、ということになる。この作業は、簡単ではない。というより、けっこう難しい。

たとえば1行11字詰めという新聞の場合、原稿が12字だとすると、2行分のスペースを取ってしまうことになる。あと1字を何とかして削ることができれば、1行で済む。原稿が13字なら、何とか2字削って1行にしてしまいたくなる。こうして、記者やデスクは目を皿のようにして1文字1文字削れそうな箇所を探していくことになる。

具体的にどうやって削っていくか。最も多い方法が「省略」だ。本来書くべき語句を省略し、文字数を削りながら、なおかつ意味が通じるようにする。その際、特に多用されるのが「同」。たとえば、記事に「神奈川県」と複数回書く必要がある場合、1回目だけは神奈川県と書くが、2回目以降は「同県」と書く。「同」を使うたびに2字削れることになる。

具体的に例示してみる。まず、

「神奈川県警は○日、傷害容疑で神奈川県鎌倉市の会社員○容疑者を逮捕した。神奈川県警によると～」

という記事を書こうとしている場合、「同」を使えばこうなる。

「神奈川県警は○日、傷害容疑で同県鎌倉市の会社員○容疑者を逮捕した。同県警によると～」

合計4字も削れた。

「同」は、ほかにもさまざまな場面で使われている。同日、同市、同省、同社、同国……。結果的に、新聞に「同」という漢字が使われていない紙面はほぼなくなっていく。

ここでふと思い出したのだが、小学生の頃、こんな授業があった。

先生が新聞1ページを教室の壁に貼り、私たち児童にこう呼びかけた。

「新聞ではどんな漢字が使われているか、一人ずつ赤鉛筆で囲っていこう。同じ漢字があった場合は何個でも囲っていい。どんな漢字が多く使われているか、探してみよう」

子どもたちは新聞の前に立ち、数が多そうな漢字をゲーム感覚で探して丸を付けていく。その結果、どんな漢字が多用されていたか。記憶が不確かだが、「日」や「市」だったと思う。ただ、「同」もある程度挙げられていて、意外だなと思ったことを覚えている。昔から多用されていたからこそ、記憶に残っているのだと思う。

話がそれてしまったが、この「同」は、一方で〝くせもの〟だとも言える。2回目以降に出てくる単語をすべて「同」と略していくと、文字数は確かに削れるが、紙面が「同」ばかりになって見苦しい上、読みにくくなる。かえって分かりにくくなることもある。長い記事だと、「同」が何を指していたのか忘れてしまい、デスクですら返り読みをする必要が出てくることもある。このため、意図的に「『同』を使わないでおこう」と取り組んでいる新聞社もある。

ただ、省略する方法はほかにもいろいろある。たとえば地方裁判所と書きたい場合、「地裁」という省略形を使う。教育委員会は「教委」と略される。だから「千葉県教育委員会」は2回目からは「同県教委」となっていることが多い。ただ、この字面を見て何か違和感を覚えないだろうか。「同県教委」は果たして日本語だと言えるだろうか。特に普段から新聞を読まない人にとっては、「同県教委」は意味不明の四字熟語としか思えないだろう。一方で、普段から新聞に親しんでいる人なら、こうした新聞の「約束事」に慣れているから大丈夫かもしれない。少なくとも、新聞記事を作成する側はそう考えている。

ほかに、接続詞もよく省略されている。接続詞には大きく分けて「順接」と「逆接」があり、新聞が主に省略するのは順接のほうだ。たとえば、「だから」「よって」「したがって」「そのため」「そこで」など。こうした表現であれば、その前後で文章の流れが変わらないので、なくても意味は通じやすい。一方で、逆接はそうはいかない。「しかし」「だが」「ところが」といった表現は文章の流れを大きく変えるため、省略はしない。順接とも逆接とも言い切れない「また」や「しかも」なども、多くは省略される。試しに、手元にある紙面で接続詞を探してみたが、見事に逆接しか見当たらない。

用語の統一と、特有の表現

省略以外にも、新聞には文字数を極力減らす手段となっている「約束事」が多くある。特に多いのが外来語に関するものだ。外来語はカタカナで表記するのが基本で、どうしても文字数が増えがちになるが、それをどう略すかも決まっている。たとえば共同通信では、「アメリカ合衆国」は「米国」に、「オリンピック」は「五輪」になる。国名の表記は顕著で、首脳会談の際は「日英」「日独」「日中韓」など、省略された言葉がメディアから発信され続けている。こうした表現は新聞だけでなくテレビでも多用されており、結果としてすでに市民権を得ている。

文字数を減らす方法はまだまだある。次の手段は「言い回し」とでも言うべきだろうか。ここで目立つのが、体言止めだ。

【記事例】

衆院3補欠選挙で自民党が全敗してから2週間。岸田政権への打撃は甚大とみられたが、党内で岸田文雄首相の退陣を求める動きは目立たない。派閥政治資金パーティー裏金事件で逆風が吹き荒れる中、内紛に発展すれば野党の思うつぼ。（後略）

（共同通信社、2024年5年11日配信）

この文章は、選挙で自民党が負けた際に配信された、1200字程度の長い解説記事のリードの出だしにあたる。この冒頭部分の三つの文のうち、二つが「2週間」「思うつぼ」と体言止めになっていることが分かると思う。仮に体言止めをやめると、それぞれ「2週間がたった」「思うつぼである」となる。すると、記事例と比べて、計7文字も増えてしまう。

次に紹介するのは体言止めではなく、「二つの文を一文にする」ことによって文字数を減らす形で、これも紙面でよく見る。英語で言う関係代名詞的な使い方と言えば、イメージしやすいかもしれない。

【記事例】
自民党は15日、派閥の政治資金パーティー裏金事件を受けた政治資金規正法改正に関し、パーティー券購入者名の公開基準額を現行の「20万円超」から「10万円超」に引き下げる条文案を公明党の実務者に提示した。（共同通信社、2024年5月15日配信）

この記事例は一文が100文字を超えており、明らかに長い。新聞を読み慣れていない人には「内容が頭にすっと入ってこない」と感じられるかもしれない。この文の読みにくさの理由は、「条文案」という目的語に、長い修飾がついている点だ。「パーティー券購入者名～に引き下げる」がすべて「条文案」の修飾になっている。

この文を読みやすくするには、「条文案」の修飾部分を後ろに回し、一文を分割すればよい。試しに作ってみると、こんな感じになる。

【書き換え例】
自民党は15日、派閥の政治資金パーティー裏金事件を受けた政治資金規正法改正に関し、条文案を公明党の実務者に提示した。条文案では、パーティー券購入者名の公開基準額を現行の「20万円超」から「10万円超」に引き下げるとしている。

多少は読みやすくなっただろうか。「～に引き下げる条文案」という書き方は一種の倒置でもあるので、「条文案では～引き下げるとしている」という順番にすることで理解しやすくなる。ただ、新聞社で日々編集作業をしている側にとって、この書き換えは受け入れられないだろう。

なぜなら、最初の記事例に比べて文字数が12字も増えてしまっているから。それならば、読みやすさを多少犠牲にしたとしても文をできるだけ短くすることを優先する、というデスクや編集担当者が多いと感じる。

少しでも文字数を減らすための新聞の工夫は、ほかにもある。たとえば「〜している」と記者が書いている場合、デスクは文脈から判断して「〜した」や「〜する」としても意味が変わらなければ、文字数が少ないほうを選ぶ癖がついている。

読点「、」ですら省略するケースも多い。それもこれも、目的は「少しでも多くの情報を、限られたスペースに詰め込む」ためだ。この工夫は各新聞社・通信社の日々の推敲作業で絶えず磨かれ続けている。

続報積み上げ形式

次に注目していただきたいのは「続報」だ。

大きな社会問題や事件があると、報道は1日では終わらず、長期間にわたって続報を書き続けることになる。この続報の書き方にも、一定のパターンがある。

この章の最初に挙げた事件の例文をもう一度見ていただきたい。記事例2〜5の出だしはどうなっているだろうか。実は、次の通りほぼ同じような文で始まっている。

「○県○市で小学3年の女児が殺害された事件で」

なぜこんな形になっているのかというと、この短い文を冒頭に置くことで、読者が何の事件の続報かが分かるようにしているのだ。しかもこの書き方は、事件に限らない。新聞を開くとこの種の書き方の記事が多いことが分かる。

感覚的に、ニュースの多くは初報ばかり、というようなイメージを持たれがちだが、実は続報が多い。大ニュースがあると翌日の紙面では続報、さらに次の日はその続報、続報の続報……と、記事が日々積み上がっていくことになる。それらの記事をコンパクトに紙面に収めるためには、冒頭で「この記事の続報ですよ」と読者にお知らせするのが効果的であり、上記のような短い一文を入れる手法が定着している。

ただ、こうした書き方には欠点もある。新聞を毎日読んでいる人にはこの一文だけで「ああ、あのニュースの続報か」と通じるが、たまにしか読まない人や、新たに新聞を読み始めようと思っている人には、記事の冒頭から何のことか分からない。これは後述するが、新聞のとっつきにくさの一因にもなっている。

「とりあえずカギカッコ」という驚異の書き方

次に取り上げるのは、新聞スタイルでありがちな構成の一例だ。長文の新聞記事にもある程度のパターンがある。長文とは、共同通信の場合1200字程度がマックスになっているためおおむね800字～1200字、つまり400字詰め原稿用紙で3枚目に達する程度とイメージしていただきたい。

「文字数をできるだけ削減し、情報を詰め込む」という形で日々書き続けていると、長文記事でも各記者やデスクが作る原稿の構成が似通ってくる。どういうパターンかというと、まず150字〜200字程度でリードを作り、次の段落の冒頭でいきなり誰かの発言をカギカッコ付きで紹介するというものだ。

共同通信では、日々の新聞の総合2・3面、つまり1面をめくった場所に置かれることを想定した「表層深層」というタイトルの記事がある。主にその日のトップニュースの背景などを深掘りしたものが多いが、この種の記事ではこの「とりあえずカギカッコ」という書き方が多用されている。「表層深層」と同じような記事はほかの新聞各紙にもあり、「朝日新聞」では「時時刻刻」、「読売新聞」では「スキャナー」というタイトルになっている。

「表層深層」の例文はこんな感じだ。

【記事例】
衆院3補欠選挙で自民党が全敗してから2週間。岸田政権への打撃は甚大とみられたが、党内で岸田文雄首相の退陣を求める動きは目立たない。派閥政治資金パーティー裏金事件で逆風が吹き荒れる中、内紛に発展すれば野党の思うつぼ。派閥解消によって対抗勢力が結集する足場が弱体化したことも響く。「ポスト岸田」候補は9月の総裁選を主戦場と見据え、6月の国会閉幕ごろまで様子見を決め込みそうだ。

「党が非常に厳しい状況に置かれている状況だからこそ、一致結束する必要がある」。補選結果が判明した4月28日夜、茂木敏充（もてぎとしみつ）幹事長は記者団に淡々と語った。

ポスト岸田に意欲を示す茂木氏。かねて首相との距離がささやかれ、補選後の去就が注目されたものの、引き続き幹事長として党勢回復に努める考えを示した。周辺は「当面は首相との連携維持を選んだ」と読み解く。（後略）

（共同通信社、2024年5月11日配信）

リードの次の段落は「党が非常に厳しい～」というカギカッコで始まっている。このスタイルの利点は、リードで伝えたい内容を要約した後、すぐに読者をそのニュースの象徴的な場面に引き込めることだ。やや唐突ではあるものの、臨場感があり、文字数も省略できる。このため、リードの次のカギカッコはショッキングな内容であることも多い。800字を超える長文記事は共同通信の場合、1日に少なくとも5本程度は配信されているが、記事を眺めていると必ず一つは、この「とりあえずカギカッコ」で書かれている。多い日は長文記事がこのスタイルばかり、ということもある。

私も記者時代はこの形で書き続けてきただけに、書き手にとってはこのワンパターンが楽だという思いも正直ある。理由は、取材する時点からパターンに合わせた材料を探せばいいから。ちょうどいい発言を見つけられれば、締切前に原稿ができるめどが立ち、安心するのだ。でも、読者目線で見ると「またか」とも思ってしまう。もうちょっと書き方を工夫できないのだろうか、と。

「これがベスト」とたたき込まれた

こうして数々の新聞スタイルを日々たたき込まれ続けた私は、入社から数年後には完全に順応した。自分が取材して分かったこと、表現したいことを、まず100字～150字、長くても200字程度のリードに「詰め込む」ことさえできれば、記事の形はほぼできたと言っていい。リードさえ書ければ、次の段落からはリードで伝えきれなかったこと、リードの内容の補足を、重要度に応じて順番に書いていくだけで完成する。

取材は毎日何かしらあり、記事も毎日書いている。これを続けていくと、記事を書く前の段階、つまり取材している最中に頭の中で大体のリードを思い描くようになっていく。そうなると記事全体もさっさと書いて送れるようになり、通信社の使命と言える「速報」にも慣れていく。同僚の記者たちも同じような感覚になっていることが、会話していると分かる。その中で、たまにデスクに「原稿が早い」と褒められることがあれば、それだけで得意満面にもなった。

記者になって10年も経過した頃には、記事を書くことに自信満々になっていた。デスクに直されることは日常的にあるものの、指摘される大部分は細かな表現の問題であり、全体的な流れを変えられることは少なくなった。これも私だけに限ったことではなく、同僚も同じだと思う。

この段階では、新聞スタイルの原稿に、もはや何の疑問も持っていない。むしろ、情報を素早く、コンパクトにまとめるには最適の書き方だとも感じていた。その考えは、「記事を書く」仕事を毎日積み重ねることによって、日々どんどん強固になっていく。

そうして記者歴16年でデスクになり、記者の原稿を見て手直しする側になると、新聞スタイルへの「信仰」はさらに揺るがなくなった。信仰と言えるほどになるのにも理由がある。デスクになると、このスタイルにまだ染まりきっていない若い記者たちの原稿を、素早く新聞スタイルに整えるのが日常業務になるから。

新聞記事の書き方がベストだと信じて疑わない私たちデスクによって、金太郎飴のように画一的なスタイルの記事が作られ、やがてその書き方を身につけた記者が次々に製造され、その彼ら彼女らがやがてデスクになっていく。そんな流れが、少なくとも共同通信社では続いているように見える。

第2章　新聞スタイルの限界

当初は原稿に手をあまり加えなかったが……

第1章で紹介したように、新聞スタイルの書き方は、新聞が長年にわたり日々発行し続けられる中で積み重ねられ、培われたものだ。しかし、私が抱いていたこのスタイルへの「信仰」とも言うべきものが、ある時点で変わった。この章では、それが変わっていった原因と過程を、順を追って説明していきたい。

新聞スタイルに疑問を持つようになったのは、デスクになって9年後、記者時代も含めると入社から25年後の２０２１年11月のことだ。編集局内に記事などをデジタル配信する

「デジタルコンテンツ部」が新設され、そこに異動したことがきっかけだった。

この部署が設けられたのには理由がある。新聞の発行部数はこの時期以前から年々減少しており、多くの新聞社がデジタル分野に活路を見いだそうと、各社に似たような部署が次々とできていた。共同通信社も遅まきながら、デジタルコンテンツを制作する部署を創設したということだ。

そこで担当した主要な仕事の一つが、デジタル向けに配信する長文記事「47リポーターズ」の編集作業だった。このデジタル向け記事の文字数は、おおむね1500字～4000字。中にはもっと長いものもある。新聞記事を大幅に上回る文字数だ。前述の通り、新聞ではマックスでも1200字程度だった。

デジタルコンテンツとして何を書くべきかというテーマは特に決まっていなかった。そこで、社会問題でも政治でも経済でも文化でもスポーツでも、そのほかのことでも、とにかく記者が広く伝えたいと思ったことなら何でもいい、と全国の記者たちに呼びかけた。「各自の担当分野以外のことを書いてもいい」と触れ回ることで、原稿をできるだけ多く集めようとした。

この記事が配信される先は、まず各加盟新聞社が持つインターネットサイト。そこへ配信した後、数日から1週間程度遅れてYahoo!ニュースやSmartNewsといったプラットフォーム上で一般公開される流れになっている。

ネットニュースを読むことが好きな方なら、「47NEWS」という題字の入った長文記事に見覚えがあるかもしれない。私が担当したのがこれだ。47リポーターズは、47NEWSというサイトの中の一つのコンテンツという位置づけになっている。日本や世界各地に散らばる記者・デスクから送られてくる原稿に目を通し、必要であれば手を入れる。書き直してもらう場合もあるし、こちらで大幅に手直しする場合もある。

この編集作業を始めた当初は、47リポーターズへの提稿（デスクへの原稿提出）は少なかった。理由は記者・デスクたちの多忙さにある。「何でもいいから、とにかく書いて。担当分野以外の記事も書けるよ」とできるだけ間口を広げて募集しても、現場は日々、新聞用の取材と記事出稿に追われている。それとは別に長いデジタル用の原稿を書くゆとりは、記者たちにはそうそうなかった。さらに、この時点では、47リポーターズ用に書くことが明確に会社の業務とも位置づけられていなかった。このため、多くの記者・デスクは、

「ネットには、書きたい人が書けばいい」と認識していたはずだ。

したがって出稿本数は当初、恥ずかしいほど少なかった。毎日1本を配信し続けることすらできず、週に2、3本程度だったこともある。

ただ、紙媒体が減っていくのに、記者がいつまでも新聞向けにだけ仕事をしていていいわけはない。いずれは、というより一刻も早くデジタルの長文記事にも対応できるようにならなければいけないと考えていた。

とはいえ、机に座って待っていても記事は来ない。そこで社内を歩き回り、支社局に電話をしたり、メールやチャットでメッセージを送ったり、知り合いの記者やデスクを見つけては「文字数さえあればどんな原稿でもちゃんと売り物になるようにするから、何でもいいから送って」と言ったりし続けた。デジタルで話題になりそうなテーマを取材している記者に、「47リポーターズにしてみない？」と頼みもした。そうやって原稿を集め、読んで事実関係を確認した上で、文章にはあまり手を加えずに配信していた。

提稿された記事を当初、改稿しなかったのには理由がある。下手に手を入れて記者やデスクのプライドを傷つけたくなかったからだ。誰だって自分が自信を持って書いた原稿を他人にいじられたくはない。他人に手を入れられるほうが原稿の良い書き方だと内心では分かっていても、そうだからこそ余計に気分が悪くなる。そうなると、今回を最後に二度とデジタル記事を書いてくれなくなるかもしれない。自分が記者だった当時はそんな感覚だったから、彼らも同じだろうと思ったのだ。

ＰＶを稼げないのはなぜ？

ところが、である。そうやって出した記事の多くが、まったくと言っていいほど読まれていなかった。

読まれていないことは、ページビュー（ＰＶ）を見れば分かる。Yahoo! などのプラットフォームでは、一本一本の記事について、どの程度の人に見てもらえたかがＰＶで数値化されている。ほかのプラットフォームより特にアクセスが多い Yahoo! ニュースでは、ヒットすると１００万ＰＶを優に超えるようになる。爆発的にヒットすれば１０００万ＰＶ超えもある。しかし、この頃出した記事は1万ＰＶにすら届かないものがざらにあった。ＰＶを日々チェックしながら、当初はあまりの少なさに「何かの間違いではないか」と目を疑った。だが、何度見ても、確かにPVは稼げていない。

おかしい。こんなはずじゃない。

なぜだろうと思い、数千PVにとどまった記事をもう一度読み返してみたが、やっぱりおかしなところはない。

確かに文体は新聞的で、多少「かたい」と思われるかもしれないが、ちゃんと読めば真意は通じる。書かれている内容も興味深く、きちんと取材された良質な記事で、社会に向けて発信する意義がある。それがなぜ、読まれないのだろう。

疑問に思いながら、Yahoo!ニュースのアクセスランキングを見てみた。そしてその時点でランキング1位になっていて、おそらくは100万PVを軽く超えているであろう記事を開いて読んでみる。「なんだこりゃ」と思った。

内容は、「芸能人がテレビで語った発言がSNSで話題になっている」というだけ。あまりの内容のなさに愕然(がくぜん)とする。社会的に報じる意味があるのかすら疑わしい。1分もかからずにさらっと読める。

ほかのアクセスランキング上位の記事もかたっぱしから読んでみたが、大半は、語弊があるかもしれないが「どうでもいい」ものばかりだ。あるいは、たまたまこの日だけだったのかもしれない。それでも、失礼ながらこの程度の「記事」とも呼べないような記事に、同僚たちの記事がPVの面では遠く及ばない。

同僚たちの記事には、手間ひまがかかっている。日夜かけずり回って情報を仕入れ、表現一つ一つに注意して書かれている。社会的な意義もある。その記事が、文字通り桁違いのPV数の少なさで、読者に相手にされず、インターネットの底へ沈んでいく。

言いようのないむなしさを感じた。

「ろくでもないトピックばかりに関心が集まり、まじめな話題があまり相手にされない」デジタル記事の世界はそんな、まともな言論空間とも呼べないようなものなのだろうかと、悪態をつきたくなる。

このモヤモヤした気持ちは、実は年月がたった現在も抱いているが、ただ、仮にデジタルがそんな世界だとしても、縁を切ることはできないだろうとその時に思った。なぜなら、新聞という紙媒体が現在も縮小し続けており、遠くない将来になくなるとも言われているからだ。現に、私の周囲でも新聞を購読し続けている人はごく少数になっている。

週刊誌をまねしてみたら

記事が読まれない、というショックを初めて受けた日から、デジタル記事が並ぶプラットフォームを日々、眺めるようになった。毎日読んでいた新聞を後回しにし、スマホに並ぶ無料のデジタル記事を暇さえあれば読むようになっていた。そのうちに気付いたのは、まじめなテーマを扱う長文記事も少なからずあることだ。ランキングの上位に入っているものも、それほど多くないものの確かにある。では、これらの記事はなぜ人気があるのか、私たちが配信する記事との違いはどこにあるのか、読んで考えるのがいつの間にか日課になった。

その中で、参考になるかもしれない書き方をしているな、と感じる記事もいくつか出てきた。どこが出しているものだろうと見てみると、その多くは週刊誌発だった。特に、「週刊文春」の記事が目に付いた。書き方は新聞と大きく違う。どう違うのかは、その時点ではうまく言語化できなかったものの、まずはとにかく「手本にしてみよう」「まねてみよう」と考えた。

ちょうど社会部の後輩記者から、中身の濃い、良い原稿が来ていた。記者の了解を得て、これを週刊誌風の文体にして2021年12月下旬に加盟新聞社へ配信。数日後に一般公開した。それが次の記事だ。抄録で2000字を超えるが、できれば読んでいただきたい。

「あなたの体に、両親の血は1滴も入っていない」63年前に産院で取り違えられた男性、実の親を探し続け

下町の風情を残す東京都墨田区の住宅街を、60代ぐらいの男性を探して訪ね歩く人がいる。江蔵智（えぐらさとし）さん（63）だ。生まれた直後、産院のミスで別の赤ちゃんと取り違えられ、そのまま育てられた。両親と血のつながりがないという衝撃の事実を知ったのは約17年前。そこから独りで膨大な行政資料を調べ、取り違えられた可能性のある家庭を1軒1軒回り、生みの親と、自分を育ててくれた両親の本当の息子を探し続けている。

▽取り違えの発端

日本が高度経済成長へと歩みつつあった１９５８年４月10日、都立墨田産院で男の子が生まれた。この子を仮にAさんと呼ぶ。前後して同じ産院で生まれたのが江蔵さんだった。

産院では通常、母親は１日２回ほど、授乳の際に新生児室のわが子と顔を合わせる。ただ、Aさんの母は母乳が少なく、看護師が代わりにミルクを与えていたため、わが子の顔を見る機会はほぼなかったという。

出産から４日ほどたった頃、看護師が「へその緒が取れた」としてAさんの母の元に連れてきたのが、江蔵さんだった。「取り違え」の発端だったとみられる。

Aさんの母も父も江蔵さんをわが子と信じ、そのまま退院した。父は名前を「智」と決め、出生届を墨田区役所に提出。長男として育てられ、その後に生まれた弟と共に台東区で暮らした。

▽「家族の誰とも似ていない」

「巨人の王や長嶋に憧れた野球少年で、やんちゃな子どもでした。でも、父とはそりが合わなかった」。江蔵さんがおだやかな口調で幼少期を振り返る。父は都電の運転手。厳格な面がある一方で気性が荒くなる時もあり、物心ついた頃から対立した。

お盆や正月に親戚の子どもが集まると、大人たちに「おまえは家族の誰とも顔が似ていない」とよく言われた。江蔵さんにとっては、今も忘れられない言葉だ。「確かに自分だけ顔立ちが違うな」と幼心に思ったが、それ以上深く考えることはなかった。

中学卒業後は家を出て、浅草のおしぼり店で住み込みをして働いた。その後は建設作業員やトラック運転手、貿易関係など仕事を転々としたが、時代は高度経済成長期のまっただ中。食いぶちには困らなかった。

10代の頃からモータースポーツが大好きで、車のレースにも参加していた。好きが高じて30代で中古車流通関連の会社を設立。仕事に明け暮れ、両親と会う機会も少なくなっていった。

▽親子としてはありえない血液型

転機は1997年、39歳の時だ。病院嫌いだった母が体調を崩し、初めて血液型検査を受けてB型と判明した。父はO型で江蔵さんはA型。親子では考えられない組み合わせだ。念のため他の病院でも検査したが結果は同じだった。

「ありえないよな」。江蔵さんの問い掛けに、両親も訳が分からないといった表情を浮かべた。当時はまだDNA型鑑定は一般的ではない。鑑定機関に問い合わせたが「300万円かかる」と言われた。その頃見た新聞には「実の親子でも、遺伝子上の原因で血液型が合わない場合がある」という内容の記事が載っていた。

約7年後の2004年、福岡市に仕事の拠点を移した江蔵さんは、かかりつけのクリニックで家族の血液型について話した。すると話を伝え聞いた九州大の法医学者が「研究のため調べたい」と持ち掛けてきた。DNA型鑑定も無料ですると言われ、両親と血液を提供した。

▽「あの看護婦かしら」

約2週間後に会った法医学者は、おもむろにこう語った。

「あなたの体に、両親の血は1滴も入っていません」

衝撃を受け、すぐに母に電話で伝えた。電話口で母は「えーっ」と言ってしばらく絶句した後、こんな言葉を口にした。「あの看護婦かしら…」

母が語った話はこうだ。墨田産院では当時、沐浴(もくよく)などで新生児を運ぶ際、看護師がかごに入れて頻繁に移動させていた。ただ、母から見た産院は明らかな人手不足。どこかで取り違えが起きていてもおかしくはない――。母の話を聞きながら、江蔵さんは頭が真っ白になったという。

すぐに真相を確かめようと思ったが、都立墨田産院は15年以上前に閉院していた。東京都の担当部署に電話し、対応を求めたが拒まれたという。墨田区役所や法務局も訪れたが、らちが明かない。江蔵さんと両親は、都に実親の調査と損害賠償を求める訴訟を東京地裁に起こした。（後略）

（共同通信社、2021年12月30日公開）

この記事への反響は大きかった。公開後、すぐにランキング1位になり、Yahoo!ニュースだけで数百万PVを稼いだ。Twitter（現X）などのSNSにも多くのコメントが付き、記事を読んだ率直な感想など、好意的な反応であふれた。成功した第一の原因は、もちろん記者が丹念に取材した内容がきちんと盛り込まれているからだ。初稿を読んだ段階で私もぐっと来るほどの内容だったが、それを私の編集で邪魔をせず、多くの読者に届けることができて本当によかったと、とりあえず安心した。

たまたまうまくいっただけ?

しかし、この段階では「とりあえずはうまくいった」にすぎず、まだ自信が持てたわけではなかった。

それに、この記事が読まれたのは書き方の問題ではなく、書かれていた内容自体がとにかく素晴らしかったからではないのかという疑問も拭えなかった。書き方以前に中身が良かったからたまたま読まれただけかもしれない。そこで翌月、別の記事でもう一度、週刊誌的な手法を試してみた。新聞用にカメラマンが書いたものを、ほぼ私の思う通りに書き換えてデジタル向けに配信したのが、次の記事だ。もちろん、カメラマンの了解は得た上で書き換えている。

2000字程度だが、こちらも是非読んでいただきたい。

パシュート女子3人が見せてくれた最高の笑顔　カメラマンが涙腺崩壊したせいで撮れた奇跡の1枚

その瞬間、思わず「あっ」と叫んでしまった。15日の北京五輪スピードスケート女子団体追い抜き決勝。最終周の最終カーブで、高木美帆（日体大職）と姉の菜那（日本電産サンキョー）、佐藤綾乃（ANA）の3選手がつくる日本チームの美しい隊列から、何かが離れていくのが見えた。誰かが転倒したと思ったが、カメラをかまえる第1カーブの出口付近からはよく見えない。数秒後、高木美帆と佐藤綾乃の2人が、ぼうぜんとした表情で目の前を通り過ぎた。そこで初めて、転倒したのが高木菜那と分かった。遅れてゴールし、息も絶え絶えな彼女を撮影するのは、本当につらかった。

試合後のセレモニーは、メダルを獲得した選手をそばで撮影できる最高の機会だ。競技が始まる前から交渉し、セレモニーの時間にリンク内側のポジションに入る特別の許可を得ていた。

ただ、私はセレモニーの間、とても悩んでいた。終了後に各選手をその国や地域のカメラマンが呼び止め、個別に撮影させてもらえる時間があるが、今回は呼び止めるべきなのだろうか。それ以前に個別撮影するべきなのだろうか。その場にいた日本人カメラマンは私一人だけだ。

3選手は表彰されている間、複雑な表情を浮かべ、特に菜那はあふれる涙を何度もぬぐっていた。その無念さ、悔しさを思い、私も目頭が熱くなる。世界の強豪相手に死力を尽くして得た銀メダルは十分誇れる成績だが、悔しい結果でもある。そんな状況で「それでは笑顔で！」なんて、とても呼び掛ける気になれない。

どうしよう。頭の中でぐるぐる悩んでいるうちにセレモニーは終わった。メダリストたちが各国のカメラマンの方へ歩み寄ってくる。悩んだ末、「いいですか」と静かに声をかけた。3人は「いいですよ」と応じてくれた。目を真っ赤にして肩を組み、ポーズを取る姿を見て、私はレンズを向けたまま、不覚にもぼろぼろと泣いてしまった。

この日まで1年数カ月、短い期間だが多くの写真を撮らせてもらった。大会や練習、合宿、選考会—。この舞台にたどり着くまで懸命に練習し、激走する彼女たちの姿を間近で見てきた。リザーブとして3人を支え続けた押切美沙紀（おしぎりみさき）（富士急行）も含めて素晴らしいと思うし、彼女たちにもそう思ってほしかった。

しかしその思いは言葉にならず、代わりに涙となってあふれてしまった。とてもファインダーをのぞけない。「すみません」と言うのがやっとだ。

するとと「いや、そっちが泣くのかー！　力が抜けるわ」と目に涙をためていた3人は、涙顔のまま大笑い。私もむせびながら、どう撮ったか記憶が定かではないが、後でカメラを見ると満面の笑みが記録されていた。名前は知らないまでも、いつも撮影に来ているカメラマンと分かってくれていたようだ。

撮影後、別の競技会場へ移動する車中でカメラマンの先輩がこう声を掛けてくれた。

「あの時、おまえが声を掛けて写真を撮らなかったら、このレースで残るのは転倒の瞬間や涙に暮れる菜那選手など、悲しい写真ばかりだった。ここまで努力して、最後まで懸命に闘った選手たちもそれはつらいはず。ほんの少しだったけれど、彼女たちが心から笑顔になれる瞬間を残せた」

情けない姿を見せてしまったが、そのせいで彼女たちの心が少しでも和らいでくれるのなら、と願わずにはいられなかった。生涯忘れられないひとときとなった。（後略）

（共同通信社、2022年2月18日公開）

この記事も、各プラットフォームで公開されると、やはりあっという間にランキング1位になり、大きな反響を呼んだ。やっぱりこんな感じに書き換えるのがいいのかな、と自信をやや深めることができた。

この記事については、先に新聞用に書かれたと述べた。では、新聞記事ではどんな書き方をしていたのだろうと思われるかもしれない。書き方の違いを比較するのにちょうどいいので、以下に新聞用に配信された記事を載せてみる。

レンズ向け不覚にも号泣　高木菜ら3選手も泣き笑い

最後のカーブで転倒し、銀メダルとなったスピードスケート女子団体追い抜きの日本。試合後のセレモニーを選手たちのそばで撮影した。競技が始まる前から交渉し、セレモニーの時間にリンク内側のポジションに入る特別の許可を得ていた。

一連のセレモニーが終わった後、各選手をその国や地域のカメラマンが呼び止めて個別に撮影させてもらえる時間がある。その場にいた日本人カメラマンは私一人。高木美帆（日体大職）と姉の菜那（日本電産サンキョー）、佐藤綾乃（ANA）の3選手に一礼し、「いいですか」と静かに声を掛けると「いいですよ」と応じてくれた。目を真っ赤にして肩を組み、ポーズを取る姿を見て、私はレンズを向けたまま、不覚にもぼろぼろと泣いてしまった。

これまで1年数カ月、短い期間だが多くの写真を撮らせてもらった。大会や練習、合宿、選考会—。この舞台にたどり着くまで、懸命に練習し、激走した姿を思い出して、涙が止まらなかった。

すると「いや、そっちが泣くのかー！　力が抜けるわ」と3人は涙顔で大笑い。涙にむせび、どう撮ったか記憶がないが、カメラには満面の笑みが記録されていた。名前は知らないまでも、いつも撮影に来ているカメラマンと分かってくれていたようだ。つらい気持ちがあふれたセレモニー。彼女たちの心が少しでも和らいでくれたらと願わずにはいられなかった。

（共同通信社、2022年2月17日公開）

この新聞用記事と、先ほど紹介したデジタル用記事を比較すると、デジタル用のほうが新聞用より文字数が大幅に多いことが分かる。情報量も圧倒的に増えている。これは筆者であるカメラマンから、新聞に載せきれなかったより詳細な内容をメモにしてもらい、その要素を入れているからだ。文体も大きく変えていることがお分かりいただけると思う。新聞用は、やはり最初の段落であるリードにある程度重要なエッセンスを入れて、リードを読んだだけで何について書いているのか分かるように仕立てられている。

個人的には、新聞用の引き締まった原稿のほうが慣れているだけに好みだし、大幅に変更するのは忍びないとも思ったが、とにかくものは試しと考え、デジタル向けに書き換えて配信した。
ＰＶを稼げたのは、この記事に添付された写真のおかげももちろんあった。だが少なくとも、週刊誌をまねたこの書き方、編集方法にすれば、記者たちが苦労して集めた取材結果を損なうような形にはならないだろうと想像できた。

その後は、記者から届く原稿を、できるだけ週刊誌風にするようにしてみた。ただ、そうしたからといってすべての配信記事がバズるわけではない。それに、週刊誌風が必ずしもデジタル向けの書き方に対する正解だとも思わなかった。根拠の一つは、そもそも週刊誌も「紙」の媒体だということ。新聞スタイルよりはデジタルに親和性がある、という程度のような気がしていた。

そんなことを考えながら、デジタル用の原稿と格闘する日が続いた。すると少しずつではあるが、平均的に以前ほど絶望的なＰＶ数ではなくなっていった。

読まれる記事にある五つの要素

47リポーターズの編集担当になって悪戦苦闘を続けながら4カ月ほどたった2022年春、幹部からこんな指示を受けた。

「どういうデジタル記事が読まれているのか、分析し、説明してほしい」

ちょうどいい機会だと思い、すでに配信されていた200本ほどの記事を、内容、ジャンル、PV数、コメント数やその内容などに分け、なぜ読まれたのか、あるいはなぜ読まれなかったのかを考察してみた。200本の中には、私が着任する前に配信されていた記事も含めた。

分析というと難しそうに聞こえるが、特別なことをしたわけではない。たくさん読まれた記事一本一本について、読まれたと考えられる理由を列挙していき、似たような特徴を持つ記事をグルーピングして浮かび上がった特徴を考えてみた。

その結果、記事がバズった理由を次の五つの要素に分類することができた。ヒットした記事は、おおむねこのどれかに当てはまる。しかも一つだけでなく、複数に当てはまるものが多い。

①「共感」や「感動」
②ストーリー性
③最新ニュースの関連記事
④見出しとサムネイルの結びつきの強さ
⑤コメントの盛り上がり

この5要素を順番に補足したい。
①は内容が読者の共感を呼んだ記事、あるいは感動を誘った記事のこと。
②は、構成がストーリー仕立てになっている記事のこと。
③は、その時々に話題を集めた最新ニュースに関連した内容が書かれている記事のこと。ニュースになっている話なだけに、読まれるのは当然と言えば当然かもしれない。ただ、最新ニュースの関連であればどれもが読まれるわけではなく、読まれなかった記事もある。その理由は、ほかの媒体から出ているライバル記事が多かったからだと思う。他社の記事と似たような内容であれば埋没してしまう。

その一方で、「この記事にしかない」という独自要素が書き込まれ、見出しでも独自性を匂わせることができた記事は、その独自要素がたいしたものでない、いわゆる小ネタであっても、多く読まれていた。

④は見出しとサムネイルがよく結びついている記事で、これも当然と言えば当然だと思う。読者は見出しと1枚の写真から、記事本文を開いて読むかどうかを判断している。考えるべきは、どういう写真であればいいのか、という点だと思うが、正直に言ってこれは簡単には断言できないと思った。傾向としては人の写真、しかも被写体が小さくないほうが読まれていた。たとえば顔または胸より上が写っている場合が多かった。

⑤はYahoo!やX特有の現象と言えるかもしれない。読者のコメントが次々に付いて盛り上がる記事を指している。面白いと思ったのは、記事が扱っているメインテーマではなく、記事中にちょっと出てくるだけの話題や、記事になくても読者が連想した話題をめぐって、書かれている内容そっちのけで読者が盛り上がり、コメントがコメントを呼ぶ形で結果としてPVが伸びたケースもあったことだ。

この5要素のうち、特に重要なのが①と②だった。つまり、共感や感動を呼び起こす内容がストーリー仕立てで書かれている記事はとにかくよく読まれている。先に紹介した二つの記事「墨田区の乳児取り違え」「北京五輪のパシュート」もこれに該当する。加えて、サムネイルで使われている写真が、多少横を向いた登場人物のアップになっていると、より共感を得られやすくなることも分かってきた。

ところで、「共感」は、考えてみればデジタルコンテンツを扱う人の間ではよく出てくる言葉で、重要なキーワードと言える。ただ、私は少なくともこの分析の時まで、恥ずかしながらその大切さに気付いていなかった。読者の共感を得ようと思えば、記事に書かれている内容を読者に追体験してもらい、感情移入してもらいやすくするのが手っ取り早い。構成をストーリー仕立てにすることで、記事の登場人物に起きたことが、まるで読者自身が体験したことのように感じてもらえるようになる。

「長文は読めない」というZ世代

この分析をした頃、私はたまたま別件の業務で「Z世代」からニュースについての意見や感想を聞き取る活動をしていた。Z世代とは、おおむね1990年代半ばから2010

年前後に生まれた世代とされ、当時10代〜20代半ば。新聞は高齢層に読者が多いため、私たちにとっては最も縁遠い世代と言える。この若い人々がニュースにどう接しているのか、というより、そもそも接していないのではないか、それはなぜなのか、ニュースについてどう思っているのかを把握するため、少なくとも3人にインタビューすることがミッションだった。そこで、つてを頼ってZ世代に該当する人を紹介してもらい、聞き取りを行った。

その結果は、一言で言うと驚きだった。ただ一方では、ぼんやりと想像していた通りのものだとも言えた。かいつまんで紹介すると「興味ない」「自分の人生にあまり関連がない」、そんな答えばかり。そんな回答の中でも興味深いと思ったのは、新聞だけでなくテレビも見ない、Yahoo!ニュースなどのプラットフォームさえも見ていないと答えた人が多かった点だ。つまり、およそニュース全般に触れていないということになる。

しかし、本当だろうか。ニュースに触れていなければ、世の中に起きていることはまったく知らないことになるが、Z世代とはそんな世捨て人たちのような集団なのだろうか。

試しに、「ロシアがウクライナに攻め込んだことも知らないの?」と尋ねると、それはみんな「知っている」と言う。さすがにそれは知っているのか。では、そのニュースはどうやって知ったのかと重ねて聞いてみた。すると、一人はしばらく沈黙した上で「TikTokとかで解説されているし、それで知ったのかな」。

別の一人は「投資とか金融には関心があってYouTubeでテレビ東京の番組を見ていて、そこで取り上げられていたから知っている」。

さらに別の一人は「SmartNewsで見たと思う」と話した。ニュースプラットフォームは見ていなかったのでは？と突っ込むと「アプリのクーポンを開いた時に目に飛び込んでくる」と言われた。

3人に共通するのは、「文章として記事を読むことはほぼしていない」という点だ。そこで47リポーターズのうちPV数が少なかった記事を試しに読んでもらい、感想を聞いてみるとこんな答えが返ってきた。

「長文は苦痛だけど、頑張れば読める。でもこの記事は読みづらい」

「分かりにくくて、読む気にならない」

「難しい」

具体的にどこが難しいのかを聞くと、3人とも共通していた。

「最初の部分」

この言葉を聞いて、率直に驚いた。彼らが言う「最初」とはつまり記事の冒頭部分だ。新聞を読んでもらった記事の冒頭には、重要な要素が簡潔にまとまった内容が入っている。新聞的な逆三角形スタイルだ。そのリードが、分かりにくいと言われている。まさか、と思った。

そこで「何がどう分かりにくいのか、もう少し具体的に教えてほしい」と頼んだ。すると一人は、このように言語化してくれた。

「なんていうか、初っぱなから情報量とか固有名詞が多すぎて、頭使わないといけないというか、疲れる」

ショックだった。新聞スタイルが正面から否定されている。子どもの頃から新聞を読んでこなかった人にとって、逆三角形は読みにくいということなのだろうか。そんなことを言われたのはこの時が初めてだったこともあり、「本当だろうか」と懐疑的だった。

では、週刊誌的に書いた前述の「乳児取り違え」や「パシュート」はどうだろう。

読んでもらうと、「これなら読みやすい」。特にパシュートの記事は最後までスラスラと読んでくれた上に、「いい話」と高評価までもらえた。

もっと多くの人に意見を聞きたい

驚きの連続だったが、Z世代3人の感想は新鮮だった。私たちの記事に対する本当に率直な評価が分かる。もっとインタビューを続ければ、デジタル記事の書き方のヒントを得られるかもしれない。そう思い、業務とは別に、その後も知人のつてを頼って何人もの人にモニターになってもらい、記事を読んでもらって感想を聞くという作業を個人的に繰り返した。

最終的にはZ世代に限らず、幅広い年齢層の人に聞くことができた。ちなみに、この活動は現在も続けており、メディア業界以外の人に会うと47リポーターズをスマホで見せて、できるだけ感想や意見を聞くようにしている。その後、縁があってある大学でデジタル記事について講義をする機会が得られた際も、同様に感想を求めた。

問題はリードにあった

こうしてモニターに話を聞いていくうちに、「書き方」に対する私の考えは劇的に変わった。十数人に聞いた時点で、大げさでなく180度変わった感覚があった。

どう変わったのか。ごく手短に言うと「新聞スタイルを一度、全部否定してみたほうがいい」という考えになった。モニターたちの話を聞いていると、最初に話をしてくれたZ世代の3人が言っていたことが、特殊ではないことに気付いたからだ。異なる属性の人々、中には新聞を購読しているモニターもいたが、そんな人でも読みにくさを感じていた。最初に聞いた時は本当に驚いた。

一口に新聞スタイルの否定と言っても、疑問を呈された点はさまざま。そうした声を一つ一つ聞いているうちに、今のままの書き方では、これからの読者には通用しないと肌で感じるようになった。

疑問を呈された点を具体的に言うと、まず、変えなければならないと感じたのはリードだった。読みにくさを感じていたのはZ世代に限らない。40代の男性モニターの一人は、新聞的なリードを「重すぎる」と感じたという。

「最初に固有名詞や情報が大量にあるので、すっと頭の中に入らないです。なんならもうこの時点で読みたくなくなる。ネットニュースを読む時は、もっと気軽に、見出しを見てなんとなくタップしているので、もう少し読みやすい入りにしてほしい」

ニュースの骨子になる要素や固有名詞を詰め込みすぎているということなのだろうか。ならば、リードから大切な要素を一部落とせばいいのだろうか。

「それは分かりませんが、とにかく最初を読みやすくしてほしい。せっかく面白そうだと思って入ってきたのに、こんな出だしだとがっかりする、というか、難しくて嫌になります。ここに重要な要素がすべて入っているということは、ここを読めばその後は読まなくていいということですか？　それならば、全文を読まずに冒頭だけ読んで離脱しますよ。結論めいたことまで書いてあるし」

全情報がリードに詰め込まれているなら、リードだけ読んで続きは読まずに離脱する……言われてみれば確かにそのほうが効率がいいかもしれない、と腑に落ちた。

新聞は「リードだけ読めば一通りの情報を得られる」ことが売りになっているから、この形でいい。ただ、新聞記事は数百字の短さ。一方、47リポーターズは数千字。記者が懸命に書いた記事が、リードだけ読んで離脱されてしまうのはあまりに悲しい。

「リードを読みやすくして」という要望は、女性のモニターたちからも多かった。指摘されたのは、ネットニュースへの「触れ方」の問題だ。

「スマホでニュースを読むのは、SNSの合間とか、暇な時が多い。しかも、そのSNSで引用されたり紹介されたりしているニュースが多い。『一生懸命読む』というより『なんとなく』読み始める。それなのに、最初からこんな難しく書かれていると、すぐ閉じると思う。もっと気軽に読みたい」

こう言われて、例のパシュートの記事を見せると、「これならいい」「読みたくなる」とおおむね好感触が得られた。ほかにも、リードに注文を付けた人は驚くほど多かった。

出るわ出るわ「ここも読みにくい」

指摘されたのはリードだけではない。話を聞きながら私が「課題だな」と感じた点はさまざまだ。その中には、新聞記事なら当然という書き方もあった。メモした内容を列挙して紹介してみたい。

① カギカッコの使い方

記事中に登場した人物が話している内容はカギカッコでくくられる。特に新聞記事では有識者や政治家、経営者、事件や裁判関係者の発言などが、正確性を問われる場合に多用される。このカギカッコとその前後の書き方によって読みにくさを感じている人が、予想以上に多くて驚いた。

たとえば、こんな一文。読みにくいと感じますか?

【例】
「危険運転事故についての東京地裁の判決は~という点で問題がある」と○○弁護士は語り、憤りを隠さなかった。

この文の何が問題なのか、と私は思っていた。新聞ではよく出てくるスタイルだから。

指摘された問題点は、カギカッコの位置だ。最初にカギカッコ、つまり発言内容が来て、その後に発言者とその気持ちが書かれている。複数のモニターがこの文体に読みにくさを感じていた。その理由をもう少しかみくだいてほしいと頼むと、一人がこんなふうに説明してくれた。

「カギカッコの中が短ければまだいいけれど、カギカッコ内の発言が長いと、誰が何を言いたいのか分からないまま読まないといけないから、途中で読みたくなくなる。カギカッコを読み終わって、その後ろに発言者とか発言した意図とかが出てきて、そこでやっと『ああそういうことか』と分かるのはストレス。誰が何を言いたいのかを、カギカッコの後じゃなくて、前に置いてほしい」

カギカッコを文頭や段落の冒頭に置き、その後に発言者と発言の趣旨を書くのは、新聞の常套（じょうとう）手段と言っていい。1000字程度の比較的長い記事では多用されている手法だ。第1章の「表層深層」のくだりでも述べたが、カギカッコを冒頭に置くことには読者をいきなり場面に没入させる効果があるため、文字数を極力削る必要がある新聞紙面では有効だと思う。だから、このスタイルにストレスを感じる読者がいるということは、新鮮な驚きだった。

カギカッコについては、ほかにこんな形が読みにくいという指摘も比較的多かった。

【例】
「〜」と話した。

つまり、単純に「カギカッコの後に述語が来るのが嫌」という意見だ。「テンポが悪くて読みにくくなる。カギカッコで終わる形のほうが読みやすい」

これも驚きだった。新聞では当たり前のように使われているこの形がそんなに読みにくいのだろうかと不思議に思い、週刊誌を開いてみて、さらに驚いた。

確かに、週刊誌ではカギカッコの次に述語が来る形は極端に少ない。その時は喫茶店で話を聞いていて、試しに店にあった「週刊文春」を開いてみたことを覚えているが、ほぼ皆無だった。どの記事でもカギカッコが来るとそこで一文は終わっている。毎週読んでいて、なぜそれに気付かなかったのだろうかと考え込んだ。だが、その折に一つ思い出したことがあった。

私が記者時代に本を書きたいと思っていたことは「はじめに」で述べた通りだが、その後、原稿を読んでくれた別の編集者にはこう言われたのだった。

「このカギカッコの使い方って独特ですよね。こんなに多用するのは新聞記者ぐらいですよ」

確かにそうかもしれない。新聞以外ではあまり見かけない形なら、違和感を抱く人がいてもおかしくない。

② 一文が長い

一文が長くなると読みにくくなるのは当然と言えば当然。一方で、新聞では短くできないこともある。一つ一つの文が「主語＋目的語＋述語」という単純な形であれば、日本語は分かりやすい。だが、新聞で使われている文には、主語や述語に長い修飾語がつくケースが目立つ。

特に「関係代名詞」のような形で、本来二つの文を一つにつないでいる場合も多い。そうなりがちな理由はやはり字数制限であり、1字でも削ろうと努力して、二つの文をついだのだと思われるが、読んでいる人にとってはこれが読みにくく、ストレスを感じるという。

たとえば、こんなケースだ。

【記事例】
帰還の際、彼はやせ細っており、親の死に目に会っても泣かなかった「日本男児」の父が号泣していた。

この例文の主語はどこにあるか、考えていただきたい。読んでいくと、最後の「父が」が主語だと分かる。この一文を読んだモニターが語った感想に、はっとさせられた。

「主語が分からないと文章の形が分かりにくい。主語はどれだろうと探しながら読んでいくのはしんどい。これだけでもう、続きを読みたくなくなる」

③ 記者の立ち位置は?

社会、経済、政治問題を扱った記事を読んだモニターからは、こんな感想が寄せられた。

「この記者が賛成派なのか反対派なのか、どちらかが分からなくてもどかしかった」

これは難しい問題だと思った。新聞記者は、「公正中立」に記事を書くことを教育段階でたたき込まれていることが多い。記者の個人的な感情は持ち込まないようにする。

ある社会問題の見方を提示する必要がある場合は、公正中立を実現する手段として、記者の見解ではなく有識者のコメントによって伝える形が頻出する。しかも、一人の有識者だけだと偏りが生じると思う場合は、賛成派、反対派の有識者をそれぞれ登場させる「両論併記」が一般的だ。

ただ、その書き方に慣れすぎた結果、何が言いたいのか分からなくなる原稿も多い。ニュースの「黒子」に徹しようと思うあまり、「伝えたいこと」が伝わらなくなってしまっているのではないか、と思った。先ほどの編集者は、かつて私が書いた原稿を見た後、こう形容していた。

「新聞記者が書く文章は、良く言えば無色透明。悪く言えば無味乾燥です」

手短に情報を詰め込む新聞に掲載するなら問題はなくても、長文のネット向け記事になると、旗幟鮮明(きしせんめい)でないため読み進めづらいということだろうか。この点はその後もしばらく、疑問として残った。

④ 次の展開が読めなくてもどかしい

次の指摘は当初、意味がよく分からなかった。ある女性モニターの言葉だ。

「普段からこんな長文ニュースを読まないから分からないのだと思うけれど、長いとやっぱり苦痛」

ただ、彼女はまったく文章を読まないわけではなく、ライトノベルを読むことはあるのだという。ライトノベルであれば長文でも読めるのに、記事になると途端に苦痛になる。その違いがどこにあるのか知りたくて問いを続けているうちに、彼女が苦痛に感じるのは、「段落と段落の間」にあるのではないかと気付いた。こんなことを言われたのだ。

「段落が終わって次の段落に入った時に、ここから何が始まるのか想像できずに読んでいかないといけない。そこだと思う」

思い返せば、似たようなことを言うモニターはほかにもいた。どうすれば読みやすくなるかを考えてもらっていた時、記事のある部分を指さして「こうなっていれば読みやすい」と語った。その場所には、「だが」という接続詞があった。

それを思い出した時、なるほど、と思った。つまり、段落の前後のつながりの問題なのだ。次の段落に進む時に「だが」「しかし」という接続詞があれば、ここまで読んできた段落に書いてあった内容と正反対のことや、反対意見が書かれるのだろうな、と想像がつく。でも、接続詞が付いていないと、段落同士の関係性がつかみにくくなるから、前の段落を読み終わった時点で、次の段落がどっちの方向へ行くか分からないまま読み進めることになる。それがストレスなのだと理解できた。

言われてみると、新聞はあまり接続詞を使わない。その理由はやっぱり文字数が制限されているから。第1章でも述べたが、特に「だから」「よって」といった順接の場合は、なくても意味が通じるから省略でき、文字数を削減できる。

新聞の制作現場では、長年の積み重ねのせいか、接続詞を省略する癖がついている。その結果、逆接や、「一方」などごく限られた接続詞しか、新聞では見かけなくなっている。デスクだった時の私も、記事の文字数を減らすため、記者がつけた順接の接続詞は、真っ先に削除することが習い性のようになっていた。

それが、モニターになってくれた人々には通用しない。段落同士の関係性の分かりにくさがストレスにつながっているというのだ。この点は新たな発見だと思ったが、問題はそれだけでは済まなかった。モニターたちの話を聞いているうちに、段落どころか「文同士の関係性の分かりにくさ」もストレスになっていることが次第に分かってきた。

たとえば、ある文があり、その次の文の末尾に「～が原因だ」と書かれている。この時、「～が」の部分が長いと、何の話が展開されているのか分からないまま読み進めなければならなくなり、ストレスを感じるのだという。あるモニターはこう言った。

「『～が原因だ』じゃなくて『原因は～だ』と書いてくれれば、前の文との関係がすっきりして、内容を予測しながら読めると思うんですよね」

そうすると、ある文の次に「目的」を書く場合も「～が目的だ」ではなく、「目的は～だ」と書けばいいのだろうか。そう聞くと「そうそう」という答えが返ってきた。ただ、そうなると一つ一つの語順にも神経を使う必要が出てくる。自分の体に染みついている新聞スタイルの強固さを思い返し、「正直に言って簡単ではない」と感じたことを覚えている。

⑤　省略ばかりで意味が分かりにくい

新聞にありがちな省略形も、やはり「分かりにくい」と指摘された。

典型的なのは「同」だった。これは第1章で書いた通り、多用されている。新聞で仕事をしていると、記事中の初出で「神奈川県」と書いた場合、2回目以降はついつい「同県」としてしまいがちだ。2字も減らせるからだが、普段から新聞を読み慣れていない人にとっては、やはり唐突なようだ。

ほかにも新聞特有の省略形は多い。「地裁」「県教委」「地検」「日医」「日弁連」といった組織の名称、「独」「仏」「蘭」「豪」「西」などの国名、「公選法」などの法律名などに引っかかる人もいる。

日常的に新聞を読む人が大多数だった時代なら通用したかもしれないが、発行部数が年々減り続け、新聞を読んでいる人のほうが少数派になっている現在では、新聞を読まない人に通じる書き方をしないといけない。それは十分に分かっている。分かっているつもりなのだが、ついつい前例を踏襲してしまう。

省略以外にも、新聞特有の表記はある。たとえば前掲のパシュートの記事だが、新聞記事では実は「女子パシュート」とは書かない。この種目は新聞では「スピードスケート女子団体追い抜き」という表記になっている。記事ごとにばらつかないように、「この書き方に統一する」と会社で決められている語句が多いのだ。なぜパシュートという表記に統一しなかったのかは謎だが、想像するに、当初は比較的新しい種目名で、名称を聞いてもすぐにピンと来ない読者が多いことを想定し、読んですぐに理解できる表現として「団体追い抜き」にしたのかもしれない。

したがって、前掲の記事を新聞的に正しく書こうとすると、見出しは「パシュート女子3人が見せてくれた最高の笑顔」ではなく、「スピードスケート女子団体追い抜きの3人が見せてくれた最高の笑顔」となる。これではさすがにネットでは通用しない。字面もかなりもったりしている。「せめて見出しだけでもパシュートにしたほうがいい」と考え、一方、記事本文は新聞表現をそのまま残し「団体追い抜き」とした。

この記事で言えば、「五輪」という表記も同じ問題を含んでいる。オリンピックのことを新聞では「五輪」と表記することが多い。これも、文字数を削減できるからだと考えられる。しかし、日常会話の中では「オリンピック」のほうがより多く使われ、なじみのある表記だと思う。文字数制限がほぼないネット向け記事では「五輪」という表記に縛られる必要はないのでは、と感じている。

記事の冒頭から「分からない」

モニターの指摘は、ほかにこんなところにも及んだ。「『〜問題』って何?」というものだ。

新聞記事はリードの冒頭の部分で、何について書かれているかを端的に明示しているケースが多い。たとえば「自民党派閥の裏金問題で〜」「日銀がマイナス金利政策の解除に踏み切ったことについて〜」「埼玉県で当時4歳の幼児が誘拐された事件で〜」などだ。

このような書き方になっているのは、ニュース、つまり新規性のあることを伝えるのが新聞記事の役割だからだ。社会のあらゆる問題の何が更新されたかを端的に読者に伝えるために、最初に話題の対象を明示し、それが「ああ、裏金問題で何か動きがあったのか」と読者の理解を助けることにもなる。

しかし、この書き方についても、こんな身も蓋もない意見が出た。

「そもそもこの問題を知らないから、1行目でもう興味が持てない」

この時に読んでもらった記事の冒頭に書かれていたのは、「刑法の性犯罪規定改正問題で〜」だ。確かに、この問題をこの一言だけで理解できる人は多くなさそうだ。

試しにこの問題をかいつまんで説明すると、次の通り、非常に長くなる。

「刑法で定められた性犯罪の量刑が2017年に厳しくなったにもかかわらず、その後も、性暴力の加害者として起訴された男性たちが無罪になる判決が連発した。このため抗議の声が上がり、『フラワーデモ』として多くの人がさらなる刑法改正を訴える事態になった。刑法は2017年の改正当初から数年後に見直しの議論をすることが決まっていたため、こうした抗議の声も反映されて有識者らが議論を重ね、刑法がさらに改正された」

ここまで説明すれば、多くの人に影響する非常に大切な問題だと分かると思う。日常的に新聞を読む人でこのニュースに関心を持つ人ならば、この説明は常識として知っているはずだ。一方で、新聞を普段から読んでおらず、たまたまこの記事に出会った人にとっては、まったく事情が変わってくる。

刑法の性犯罪規定改正問題と言われても、何が問題になっているのかさっぱり分からない。新聞を読まない人が大多数となっている現在では、「～問題」と一言で片付けてしまうと何も伝わらないということなのだろう。

だからといって、「～問題」という書き方をやめて、どうすればいいというのだろう？例示したような長々とした説明を記事に毎回加えるべきなのだろうか。読者は、これからニュースに接しようとしている時に、その前提部分についての説明を長々と読む気になるだろうか？

でも、「～問題」と一言で済ませても通じないのだから、ネット向けの記事では、ある程度の説明をどこかに付け足していかないといけないことは確かだろう、と想像はできた。しかしここでも、読者がストレスを感じないような付け足し方が必要となる。

新聞記事のとっつきにくさ

この「～問題」という書き方をもう少し掘り下げていくと、記事の書き方を考える上で意外と大きな意味をはらんでいることに気付く。

新聞が「自民党派閥の裏金問題で～」という書き方をするのは、それが続報だからだ。続報は、すでに裏金に関する最初の報道（初報）があって、自民党の各派閥に裏金があったことが世間の常識になっているという前提で、さらに新しいことが分かったり、新たな動きがあったりした時に出る記事を指す。

たとえば、裏金作成に関与した人物が判明したとか、自民党幹部が裏金の存在を否定したとか、議員が捜査当局の事情聴取で違法であることを供述したとか、ニュースになり得る何かが起きた時に、それが続報となる。そして、その記事の冒頭には「自民党派閥の裏金問題で～」という言葉が枕ことばのように置かれることになる。

第1章で紹介した殺人事件の例文のように、事件発生を初報とすれば、逮捕・起訴・初公判・判決はすべて続報になり、だからこそ、その冒頭は必ず「～事件で」となっている。続報は、世間の関心を集めるようなニュースである場合は次々に、しかも長期間にわたって書かれることになる。自民党の裏金問題で言えば、2023年の終わり頃に始まり、2024年6月まで半年以上にわたり、ほぼ毎日続報が出続けている。その記事の数は、単純に計算して200本近くになる。

新聞読者の方にとっては常識だと思うが、新聞に載る記事の多くは何かの続報であり、初報は意外と少ない。社会面で言えば、続報が出ないのは小さな事故や事件のみで、その結果、新聞の紙面は「～問題で」や「～事件で」という書き出しで埋め尽くされる。

逆三角形スタイルで書く記者やデスクとしては、その日の新しいニュースをできるだけ前に置くために、冒頭の枕ことばはできるだけ簡潔に済ませたい。そうしないと原稿が長くなってしまい、文字数の目安を超えてしまう。枕ことばは、何に関する話題かという説明にすぎず、読者はすでに知っているという前提に立っているからだ。

ただ、その考えで本当によいのだろうか。新聞読者の中でも、紙面を舐めるようにきちんと読んでいる人はそれほど多くないはずだ。記者を続けてきた私でも、関心のあるテーマや自分の仕事に関する部分は毎日読むものの、ほかは見出しを眺める程度だった。特に平日は忙しくてじっくり読んでいる時間がない。そういう読み方が続くうちに、あまり関心がなかった分野の記事に「～問題」と書かれていると、何の話で、どういう段階に来ているかまでとっさに分からず、ついていけなくなるケースは確かにある。

モニターの中にも新聞読者はいたが、この「～問題」について聞いてみると、「一定の分野以外は、やはりよく分からないことが多い」と率直に語ってくれた。

そこまで考えて私は、現在の新聞記事そのものに「とっつきにくさ」があるのではないかと思うようになった。

日々の新聞記事は、一つの問題のうち、最新の部分だけをニュースとして記載している。

このかげに、初報や数多くの続報が積み重なっている。その積み重なった部分を何も知らず、一番上の最新ニュースを理解するのは難しい。考えてみればごく自然なことであり、だから、常日頃から新聞を読んでいない人にとって「新聞は難しい」のだ。

ましてや、新聞読者が少数派となり、年々減少している現状では、「〜問題」という書き方自体が成り立たなくなってきていると感じる。よほど大きな出来事、たとえば2024年なら能登半島地震は例外的に考えてよいと思うが、原則的には、少なくとも字数制限のないネットの世界では、「〜問題」は避けるべき表現方法なのだろうと考えている。

ニュースは「不意に出会うもの」

モニターから突き付けられたこうした課題の数々は、さらに細かく言えば、ほかにもさまざまな「注文」として投げかけられた。たとえば、次の2点もそうだ。

「『〜が分かった』という言い回しは、誰が分かったの?」

「『記者は』と書かれているだけで、なんか偉そうに感じられて嫌になる」

とにかく、感想を聞けば聞くほど、新聞記事の書き方の基本スタイルが、ことごとく否定されており、自分が培ってきたのは何だったのかと思った。

その一方で、これだけダメ出しをされ続けても、絶望的とまでは思わなかった。なぜなら、新聞記事を「商品」と捉えれば、提供する側が、読者という顧客の要望に添わせるのは当然だろうから。顧客のニーズに合わない商品は淘汰(とうた)される。

それに、指摘された数々の問題点を、ほぼすべて修正・反映させる書き方が「不可能ではない」という感覚も、頭の中にぼんやりとはあった。

そこでまず、ここまでの指摘を簡単に整理してみた。週刊誌のように書けば、確かに新聞スタイルよりは読まれやすくなるかもしれない。だが、デジタルで読まれる記事というのは、それだけではない。モニターからは、単純な「書き方」だけではなく「読み方」の違いを指摘するニュアンスの感想も出ていたからだ。一例を挙げると、リードの書き方のところで出た、「暇つぶしにスマホをいじりながら、なんとなくタップした記事を、気軽に読み進めたい」という読み手の感覚である。

これは、新聞を読んでいる人の感覚と大きく違うだけでなく、週刊誌を読む人の感覚とも違う。長年記者をやってきた立場から言えば、新聞や週刊誌の読者は、もう少し「能動的」だと思う。この能動性をより具体的に言えば、「世の中に起きていることを、手っ取り早く、効率よく把握しておきたい」ということになると思う。

一方で、デジタルの読者は情報収集について、より「受動的」だと感じる。ニュースを探しに行くというより、プラットフォームなどから提示された記事に「不意に出会う」感覚と言えるかもしれない。

では、このデジタル読者のニーズに添うように書くには、どうすればいいのか。

考えるうちにたどり着いたのが、47リポーターズで分析した際に出てきたポイントの一つ、「読者が共感できる記事はPV数が多い」だった。

ここにヒントがある気がした。

「他人事(ひとごと)」では読まれない

最初にZ世代に話を聞いた際、ニュースに興味がない理由として挙がっていたのが「自分には関係がないから」「人生にどう関わってくるのか分からないから」だった。つまり、「ニュースを他人事としか思えないから、見ない、読まない」と言い換えることができる。

共感とは、他人が経験したことを、まるで自分が経験したことであるかのように、あるいは自分の家族など近しい人が経験したことであるかのように感じられることである。であるなら、他人事ではなく、最近よく聞く言い回しの「自分事」の記事にできれば、もっとよく読まれるようになるのではないか。

この仮説、というか思いつきをもう少し掘り下げて考えてみた。

誰かが経験した出来事について読者に共感してもらうためには、それを追体験してもらえればいい。そのためには、登場人物がその出来事に行き着くまでの経緯をできるだけ詳しく、情景描写や気持ちを入れながら、しかも可能な限り分かりやすく、「読む」ストレスを感じさせることのないように書けばいい。そしてその経緯を分かりやすくするには、時制を行ったり来たりさせることなく、できるだけ過去から現在へという流れで、つまり時系列で書いていけばいい。

時系列で書いていくうちに、その記事の主要テーマにたどり着く。そこまでの展開は、分析時に分類した5要素のうちの一つ「ストーリー性」を意識すればいいのではないか。

新聞見出しからの脱却

記事の組み立てをどうすべきかは、大体見えてきた。ごく簡単に言えば「週刊誌＋共感」であり、そのためには本文を説明文ではなくストーリーにすることだ。

ただ、本文以外にもう一つ考えなければならない点が残されている。見出しの付け方だ。PVという観点だけなら、デジタル記事では本文と同じぐらい大切かもしれない。「ネットで読まれるかどうかは見出し次第」と言い切ってしまう人もいる。

どう見出しを付けるべきか、プラットフォームに並ぶ記事を眺めてみる。まず気付くのが、PV数が多い記事には、大げさな見出しが付いていることが多い点だ。扇情的だったり、おどろおどろしかったり、エロを連想させたり……見出しを眺めていると、傾向はなんとなく見えてくる。

たとえば、日本のスポーツ選手が海外で評価されていると、「絶賛」という見出しが付きやすい。だが、記事本文をよく読んでみても、多少褒められてはいても絶賛とはほど遠い。裏切られたような気持ちになるが、それでもこうした記事を出す側にとっては、本文に誘い込めた段階で、成功と考えているのだろう。

それでも、「褒められたこと」を「絶賛」と書くのであればまだましなのかもしれない。「SNSで称賛相次ぐ」というある記事には、カギカッコ付きで称賛が並んでいたものの、実際にSNSで検索をかけると賛否両論が入り交じっていた。現実と記事、見出しがかけはなれており、記事の信用性そのものが疑わしくなる。それ以外にも、おどろおどろしい見出しと裏腹に本文は平凡という記事もある。本文との整合性が取れないこうした見出しは、「釣り見出し」と呼ばれている。

まねようと思えばある程度はまねられると思ったが、こんな形でPVを稼いでも、トータルではマイナスではないかと感じた。実際、私もあるメディアの釣り見出しを2回ほど、文字通り釣られてタップしたことがある。本文を読んで「引っかかった」と思い、だまされたような感覚に陥った。その後は、見出しに惹かれてもそのメディアの名前があると、決して開かないようになった。

「釣り見出し」を付けるようなメディアは、1、2本の記事でPVを稼ぐことができたとしても、長い目で見れば信頼性、ブランドを損なうことにつながりかねないだろう。

12字の限界

しかしだからといって、今のまま、新聞的な見出しのままでデジタルに出すのをよいとは思わない。

新聞の見出しは5W1Hの中から「何がニュースか」という視点で付けられている。さらに難しいのは、12字以内という短さで表現しなくてはならないことだ。大きなニュースであれば、12字の見出しを3行~4行付けることもある。こう言うと、12×4＝48字も見出しに使えると誤解されるかもしれないが、そういうことではない。12字以内で完結した見出しを4本付けるということであり、結局、窮屈この上ない見出しになる。

たとえば、共同通信が新聞用に配信した、ある記事の見出しを例に挙げてみる。

自民裏金39人処分　塩谷、世耕氏離党勧告　安倍派3人も党員資格停止　首相と二階氏は見送り （共同通信社、2024年4月4日配信）

4本の見出しすべてが12字以内になっている。助詞は一つか多くて二つ。ほかは句読点やカギカッコを使いがちになり、結果的に漢字が増える。

この見出しは、2024年4月5日の朝刊用に配信された記事のものだ。自民党の議員39人が裏金問題で処分されたことが最も大きなニュースだと判断され、1本目の見出しになっている。

この見出しだけでニュースの要点が一目で分かる。朝刊の1面トップに並べることが想定された、簡潔で美しい、新聞らしい見出しだとも思う。

ただ、この見出しでデジタルプラットフォームのニュースサイトに載せたら、果たしてどうだろうか。各新聞社・テレビ局が同じニュースを報じる中で、共同通信のこの見出しは読者に選ばれるだろうか。

直感的に、このままでは選ばれないと想像できる。まず、この見出しだけでニュースの要旨が分かるため、スマホをタップする一手間をかけてまでわざわざ本文を見にいく必要がない。さらに、客観的な事実が端的に羅列されただけの見出しでは、多くの人が見にこない＝ＰＶが増えないことが、経験的に分かってきた。

見出しについても、新聞的な考えから脱却しなければ、デジタル記事は読まれない。記事が読まれなければ時間と手間をかけて取材した記者たちのモチベーションに関わる。

悩んだ挙げ句、「やりすぎない」範囲内で、少しでも多くの読者に届ける方法を模索することになった。ＰＶ至上主義ではなく、読者が興味を持ってくれるように工夫する、そのために絶対に釣り見出しにはせず、何について書かれた記事かを明示する、というあいまいな道を探し求めた。見出しについては、その後も悩み、試行錯誤し続けた。結果、たどり着いた具体的な見出しの付け方については、第3章で詳しく説明する。

第3章　デジタル記事の書き方

読者にストレスを与えない

新聞記事がネットで読まれなかったのは、第2章で説明した通り、新聞特有の書き方のせいで読者がストレスを感じているからだった。情報を詰め込むのに最も優れた書き方とされてきた新聞記事のスタイルは、デジタルの世界では、特に長文の場合はまったく優れていなかったことがはっきり分かった。目が覚めたような気がした。

では、どうすれば読まれるようになるのか。言い換えれば、どうすれば読者が「最後まで読んでもいい」と思えるような、ストレスを感じない形に書き換えられるだろうか。

この章では、試行錯誤の末にたどり着いた書き方のポイントを、実際の記事を例にして説明していこうと思う。

次の記事は47リポーターズのもので、文字数は3000字程度。その全文を掲載する。長いと感じるかもしれないが、まず読んでいただきたい。

「使命感で現場が奮い立った」　羽田の飛行機炎上、ヒーローはJALだけじゃない
JR、ANA、スカイマーク…ライバルが交通インフラを支えていた

1月2日夕、テレビ各局が「滑走路で爆発」という衝撃的なニュースを一斉に報じ始めた。この時、東京都内にあるJR東海の「新幹線総合指令所」に所属する古屋学・輸送課指令担当課長は直感した。

「かなり大きい事態になる」

すぐに、各現場で働く同僚たちへ連絡を取り始めると、驚きの反応が返ってきた—。

羽田空港の滑走路で起きた日本航空（JAL）機の衝突事故は、乗客乗員が全員無

事に脱出し、「奇跡」と世界の称賛を集めた。あれから1カ月半が経過。実は、日本の「空の玄関口」が長時間にわたって機能停止に陥る異常事態の中で、ライバル企業の社員たちも、事故を把握した瞬間からそれぞれが動き始めていたことが分かった。

取り組んだのは乗客の救出と、滑走路閉鎖で影響を受ける人々の支援。「当然のことをしただけです」と取材に答えた当事者たちから、日本の交通インフラを支えるプライドが垣間見えた。

▽「使命」を帯びた列車

事故発生の一報を聞いた鉄道会社の古屋さんが身構えたのは、羽田や大阪（伊丹）、関空などで足止めを食う人々が、東京や品川、新大阪といった新幹線の主要駅に集まることが想定されたからだ。

もともと、年末年始期間は新幹線の列車本数を通常より大幅に増やして設定しており、ダイヤに余裕はない。昨年度の東海道新幹線は一日平均で３５６本が運行。今回の年末年始（12月28日から1月4日）は平均４３４本だった。

それでも古屋さんは考え続けた。「ちょっとでも増やせないか」

ただ、追加の臨時列車（追加臨）を出すためには、走行計画を決める前の準備が必要になる。最優先は車両と乗務員の確保。指令所はすぐに各現場の情報収集に当たった。すると、現場もこんな共通認識を持っていた。

「何とかして追加臨を走らせなければならない」

まずは車両の捻出。車両基地や運用担当者と調整し、安全に問題がない範囲で、予定していた検査計画を急きょ変更。本来であれば21時ごろに基地に入って検査を受けるはずだった車両を活用することにした。

同時に運転士や車掌らの確保にも動く。次の勤務のために移動予定だった人などに連絡すると「みんな快諾してくれました」（古屋さん）。

さらに車両清掃のためにグループ会社にも連絡。ホームなどで安全を確認するために、通過する駅も含めた全ての駅にも事前連絡を急いだ。

そして事故の一報から1時間半がたったころ、指令所にこんな声が響き渡った。

「やるぞ！」

2日の追加臨は東京〜新大阪の「のぞみ」上下1本ずつで、東京発21時42分発と新大阪発21時50分。いずれも終点到着は午前0時を回る。

鉄道に少し詳しい人であれば、これがいかに無理をしてできたものか分かる。新幹線は本来、最終列車が午前0時より前に終点に到着する。夜間の保守点検作業のための時間を確保しなければならないからだ。その「無理」を曲げた。

「使命を帯びた列車なので、終電後の追加というまれなケースになりました」

結局、新大阪発の追加臨には約230人が乗車。この人たちが東京に到着しても乗り継げる電車はほぼない。それを想定し、「列車ホテル」とも呼ばれる休憩用列車として翌朝まで駅に停車させた。

▽「一人でも多く乗せたい」

翌3日は上りのピークと想定された日だったが、ここでも4本を追加。結局、追加臨は羽田事故の影響がある程度収まった7日まで設定された。

SNSでは、JR東海の対応をたたえる声が次々に上がった。「昨夜の臨時列車に救われた」「過密ダイヤの中で臨時列車を差し込めるって安全性と安定性がさらに際立つ」

こんな投稿もあった。「のぞみは年末年始全車指定席って言ってたのに整合性が…」「のぞみは全車指定席になったのに、普通車『全車自由席』が爆誕するとは」。JR東海は今回の年末年始から「のぞみ全車指定席」を導入していた。それでも、2～5日の追加臨だけは「全車自由席」とした。

古屋さんが意図を説明する。「こういう状況で設定した列車なので、一人でも多く乗せたかった」。SNSでの称賛について尋ねると「使命と声高に言うつもりはないし、制約がある中でやるべきことをしただけ」と語った上でJALをたたえた。

「一番話したいのは、乗客を全員無事に脱出させたJALの客室乗務員のすごさです。ライバルとは言われるが、同じ安全を最優先にするものとして、自分たちもより実践力を養わなければと改めて感じました」

▽「無我夢中だった」

羽田の滑走路上では事故の直後、ＪＡＬの「真のライバル」とも言えるＡＮＡのスタッフ30人が乗客救出を支援していた。

全日空広報部によると、顛末はこうだ。

事故が起きたのは羽田空港第2ターミナル側のＣ滑走路上。第2ターミナル側は主に全日空が使用している。炎上した機体の最も近くにいたのは、大館能代空港（秋田）から到着し、次に岩国空港（山口）に向かうまでの準備のために駐機していたＡＮＡ機だった。

滑走路は既に日が落ち、寒くて暗い広大なエリアだ。ＡＮＡ機からの貨物の積み降ろしなど地上業務をしていたスタッフらは、事故を目の当たりにし、上司に告げた。

「持ち場を離れて様子を見に行っても良いか」

許可を得て近づくと、事故機から脱出した乗客約10人がいる。すぐに消防から指示された集合場所へと誘導した。

その中で、数名の人がトイレの使用を希望。整備士はすぐに近くにあった機体の電源を入れ、トイレを使える状態にした上で案内した。

脱出客はその後も順次、バスで空港内に移動していく。最後のバスが出た後、その場にいた事故機のクルーやＪＡＬのスタッフから感謝の言葉を伝えられたという。ＡＮＡのスタッフたちは当時をこう振り返った。「無我夢中だった」「どこの航空会社のお客さまかは関係ない。とにかく救助しなくては」。広報担当者も「あの状況を目にすれば、乗客のことだけを考えて行動するのは当然だ」。

▽自然災害の備えが奏功

事故で羽田が機能を停止した時、航空各社は欠航や行き先変更といった対応を迫られた。スカイマークもその一つ。新千歳（しんちとせ）発羽田行きの2便が目的地変更となり、茨城空港にそれぞれ18時32分と同38分に到着した。乗客は計約３５０人。

問題は茨城空港からの交通手段だ。羽田や成田、伊丹のようには充実していない。路線バスは残っていたが、普段の定期便の乗客を想定しており、とても全員は乗せられない。ただ、スカイマークには万が一を考えた事前の備えがあった。

目的地が茨城空港へと変更された時、パイロットはすぐに社内の運航担当者と協議。

さらに茨城空港の支店にも情報を共有した。すると支店はすぐさま、バス会社に応援を要請した。

　ここで効果を発揮したのが、バス会社と結んでいた「イレギュラー時の運送に関する契約」だった。

　２０１６年に茨城交通と最初の契約を交わして以降、現在は計４社（茨城交通のほか関東鉄道グループ、出久根(でくね)観光、タビットツアーズ）と締結している。応援のバスを手配できなかった会社は、契約を結んでいない別のバス会社を探し出した上で派遣してくれた。結局、計９台のバスが空港に駆けつけ、うち８台を使い、最寄りのＪＲ石岡駅まで運ぶことができた。

　スカイマークの広報担当者は、バス会社への謝意を示した上でこう話している。

「契約は首都直下地震や富士山の噴火といった災害を想定して結んでいたものだったが、今回のようなイレギュラー時もスムーズにお客さまを輸送できた。さらに連携を深めたい」

（共同通信社、２０２４年2月18日公開）

この記事は、各プラットフォームを通じネットで非常に多く読まれた。たくさんの読者に3000字の記事を最後まで、または必ずしも最後までとはいかなくても少しでも長く読んでもらうために、書き方に工夫を凝らしている。そのポイントを一つ一つ説明したい。

ストーリーが共感を呼ぶ

ポイントの一つ目は、記事の出だしからストーリー形式にしたこと。記事の冒頭は、飛行機衝突をニュースが一斉に報じ、JR東海の古屋さんが身構えた時点とし、古屋さんの視点で書き始めた。

これがもし新聞スタイルであれば、出だしはこの記事の4段落目にある「羽田空港の滑走路で起きた日本航空（JAL）機の衝突事故は～」という説明になるはずだ。その形でももちろん良いかもしれない。だが、JALの事故に関する記事であることは、見出しにも入っている。読者はその見出しを見て「読んでみよう」と本文を開くのだから、本文の出だしを新聞スタイルにすると、同じ説明をすぐに繰り返す形になり、じれったくなるかもしれない。そうした読者のストレスを減らそうと考え、最初からストーリーに入り込んでもらえるように情景描写から入った。

次のポイントとして、古屋さんという明確な主人公を立てた。ストーリーとして読んでもらうには主人公が必要だ。そこで考える必要があるのは、この記事が、三社のエピソードを合わせた形になっている点だ。JR東海とANA、そしてスカイマーク。この三つを並べただけではストーリーにならない。

そこで記者に取材結果を聞くと、JR東海の話が最も詳しい内容になったとのこと。それならばJR東海をストーリーの骨格に据えるのが自然だと思った。ANAとスカイマークの話は「ほかにもこんな話があった」という補強材料的な扱いにすればいい。JR東海のストーリーがメインになれば、主人公は新幹線を走らせようと奮闘した古屋さんになる。ここで、記事に盛り込むことができそうな古屋さんのエピソードを記者に尋ねると、記者は非常に詳細に答えてくれた。記者も古屋さんが主人公に最適だと考えていたからだろう。

次に考えるべきポイントは、どうすれば読者が「共感」できるか。共感してもらうためには、読者に主人公の古屋さんに感情移入して当時を追体験してもらう必要がある。そのため、古屋さんの目線になって、古屋さんの眼前で起きた内容を、その順番通りに並べる。つまり時系列にする。

デスクをしていると、時制をさかのぼるような、凝った形の原稿をたまに見ることがある。文章を面白くしようという意図であえてそうしたのだろうと想像するが、「第一読者」となって読んだ感想を正直に言えば、記者の独りよがり。そう感じてしまうケースが多い。

プロの小説家の作品では時間をさかのぼったり、過去と現在、未来が行ったり来たりすることも多いが、それでも読者についてきてもらえるのは、小説家というプロの技巧があってこそのこと。一般的には、現在から過去へとさかのぼると分かりにくくなり、読者がそれだけでストレスを感じることを忘れてはいけない。読者がせっかく追体験をし始めているのに、途中で冷めてしまうことになりかねない。私も含め、ストーリーのプロでない書き手は避けたほうがいい形だと思う。

さらに言えば、ネットの読者は本の読者よりも気軽に記事を手に取っている。移り気で、ストレスを感じればすぐに離脱してしまう。だからこそ、時系列が無難だと思う。

読者に追体験してもらうために大切なもう一つのポイントは、時系列に並ぶエピソードの各場面で、描写をできるだけ詳しくすることだ。そして、主人公が考えたこと、感じたことを一定程度入れていくこと。主人公の感想があることで、読者は気持ちをシンクロしやすくなる。古屋さんの記事で言えば、次の部分がこれにあたる。

「ちょっとでも増やせないか」

「みんな快諾してくれました」

「こういう状況で設定した列車なので、一人でも多く乗せたかった」

「使命と声高に言うつもりはないし、制約がある中でやるべきことをしただけ」

「一番話したいのは～ＪＡＬの客室乗務員のすごさです～自分たちもより実践力を養わなければと改めて感じました」

いずれも、古屋さんの気持ちが込められた発言だと思う。

「やりすぎ」ぐらいでちょうどいい

次のポイントは、接続詞と指示語を多用することだ。読者がストレスを感じているのは、段落が変わるたびに、「次は何を読まされるのか」が分からないこと。第２章で紹介した、モニターになってもらった人たちから指摘された点の一つだ。読者は少しずつストレスをためながら読み進めている、という感覚を書き手は気にする必要がある。

このストレスを避けるには、段落の冒頭に接続詞を置いて、前の段落との関係を明確にすることが有効だ。「次はこんな話が展開されるのだな」と読者が予測しやすくしたほうがいい。接続詞でなくとも「この点は」「その問題は」などの指示語を使うことで、前の段落との関係が明確になる。

今回の記事では、ＪＲ東海の古屋さんの体験を追体験しやすくするため、古屋さんが「何とかして追加臨を走らせなければならない」と意気込んだところから、一つの段落ごとに立て続けに接続詞を使った。たとえば「まずは」「同時に」「さらに」「そして」。ほかにも「もともと」「ただ」「結局」などを入れて前の段落との関係を明確にし、読者のストレスを減らし、すーっと一気に読めるようにしてある。

指示語は、全日空の項に多めに使い、「その中で」「その後も」「その場に」と「その」を連発している。ＪＲ東海の項でも「この人たちが東京に」「それを想定し」などが見られるが、これらは新聞記事ではカットされがちだ。

指示語や接続詞の多用は、新聞業界で生きてきた私からすれば「やりすぎかな」と思うことが多い。飾りすぎ、ゴテゴテしているようにも感じる。〝ソリッド〟な文章に慣れた記者たちの美学にも反するかもしれない。ただ、気軽にスマホを眺める読者の視点に立てば、こちらのほうが圧倒的に読みやすいようだ。感覚的にも、Yahoo!ニュースで読者が「わかりやすい」をつける数が、以前より格段に増えている。読者ファーストで考えるのなら、「飾りすぎの文章」のほうがいいとも思う。

接続詞と同じ理屈で、一文の中の語順にも気を配りたい。たとえばスカイマークの項にはこんな表現がある。

バス会社に応援を要請した。
ここで効果を発揮したのが、バス会社と結んでいた「イレギュラー時の運送に関する契約」だった。

この2段落目は、新聞だと次のようになりがちだ。

【例】
バス会社と結んでいた「イレギュラー時の運送に関する契約」が効果を発揮した。

このほうがすっきりしていて文字数も少ない。ただ、この形はデジタルでは、読者にとっては都合が悪い。なぜなら、筆者が何を言いたいのか分からないまま読み進めることになり、文末になってやっと「筆者は『効果を発揮した』ことが言いたかったのか」と分かるからだ。文末に来るまでストレスを感じ続けている読者の気持ちを考えると、新聞的なすっきりは必要ない。

こう考えて、この文の冒頭には「ここで効果を発揮したのが」を置いた。こちらのほうが前文からのつながりが生まれ、スムーズに読み進められる。語順なんて細かい話だと思われるかもしれない。しかし、一文ごとに小さなストレスがたまり、やがてそれがふくらむと、「読みにくい」と離脱されてしまうことになるのだろうと考えている。

接続詞や指示語、語順以外にも、読者が「道に迷わない」ようにする工夫をしている。以降の文章で説明したいことを、事前に短い一文で予告することだ。この段落から何が始まるのかを短くガイドすることで読者のストレスを減らせる。

この記事で例示すれば、「こんな投稿もあった」「古屋さんが意図を説明する」「顚末はこうだ」「問題は茨城空港からの交通手段だ」。

こうしたガイドを置くことで、少しでも展開をスムーズにしようとしている。

短い一文がリズムを生む

次のポイントは、一文を短くすること。これはネット向けの原稿に限ったことではないと思う。特に、長い文章の時、間に短い一文をはさむことでリズムが生まれてテンポが良くなり、読者も読みやすくなる。

この記事でもたとえば、リードに「あれから1カ月半が経過」という一文をはさんだ。本文でも、ＪＲ東海の項にはこんな文を置いている。「その『無理』を曲げた」「ここでも4本を追加」。

こうした短い一文は、記者から提稿された当初の文をカットして作っている。たとえば、全日空の項で出てくる一文「その中で、数名の人がトイレの使用を希望」。

この文はもともと、次の通り、その後ろの一文とくっついていた。

「整備士は、数名の人がトイレの使用を希望したため、すぐに近くにあった機体の電源を入れ、トイレを使える状態にした上で案内した」

この場合、文を二つに切り分けたほうが、リズムが出ることを感じていただけるのではないだろうか。

カギカッコの後ろに文章はなし

次のポイントは、カギカッコの使い方。登場人物の発言の後に述語が来ないようにすることでテンポが良くなり、読みやすくなる。誰の発言かということと、発言の意図はできるだけそのカギカッコの前に置くように心がけている。

記事中から例をいくつか挙げると、次の通り。

①　SNSでは、JR東海の対応をたたえる声が次々に上がった。「昨夜の臨時列車に救われた」「過密ダイヤの中で臨時列車を差し込めるって安全性と安定性がさらに際立つ」
②　古屋さんが意図を説明する。「こういう状況で設定した列車なので、一人でも多く乗せたかった」。
③　ANAのスタッフたちは当時をこう振り返った。「無我夢中だった」「どこの航空会社のお客さまかは関係ない。とにかく救助しなくては」。
④　広報担当者も「あの状況を目にすれば、乗客のことだけを考えて行動するのは当然だ」。

用語はグーグルトレンドで

最後のポイントは言葉選び。この記事では当初、日本航空のことが「日航」という略称で書かれていた。理由は、共同通信社が定めたルールにある。新聞用には「日航」という表記を使うと定められているため、記者はためらわずにそう書く。

ただ、「日航」は読者にとってなじみのある表現だろうか。確かに「日航ホテル」という表現もあるにはあるが、一般には「JAL」のほうが慣れているのではないだろうか。そこで、グーグルトレンドを使って、ここ1年間で「日航」と「JAL」のどちらが頻出しているかを調べた。結果はJALのほうが圧倒的に多かったため、日航の表記をすべてJALに変えた。

どの表現を使うべきかは、常にこの方法で調べるようにしている。使い方は簡単。ネットで「グーグルトレンド」と検索し、サイトが表示されたら、空欄に言葉を打ち込む。次に「比較」という空欄に比べたい言葉を打ち込み、調べる期間をある程度長めに選んで実行すれば、二つの言葉の人気度が折れ線グラフで表示され、ネットでどちらが多く使われているかを簡単に把握できる。

試しに、第2章で紹介した表現「五輪」を「オリンピック」と比較すると、オリンピックのほうが圧倒的に多かった。このため、47リポーターズで「東京五輪」に関する記事を出した際も、「東京オリンピック」と表記するようにした。

グーグルトレンドで比較できる言葉は二つだけではなく、三つでも四つでも可能。2023年、ジャニーズ事務所がなくなったことに関連する記事を書いた際、新会社をどう表記するかで迷った。「SMILE-UP.」という新社名はまだ読者にとってなじみが薄いかもしれず、分かりにくいかもしれないと思ったためだ。そこで、「旧ジャニーズ」「STARTO」「ジャニーズ」など、関連するいくつかの言葉をグーグルトレンドにかけた。すると、「SMILE-UP.」が当時は最も多く使われていることが判明。記事には安心して「SMILE-UP.」と書くことができた。

再認識した新聞の窮屈さ

デジタル記事の書き方のポイントは、これ以外にも細かくあるが、この記事でおおむね網羅できたと思う。では、これが新聞スタイルだったらどうなっているだろうか。実例をお見せしたい。実は、この記事が47リポーターズで配信された後、好評だったためか新聞用にも配信するよう求められ、文字数が限られた新聞スタイルに書き換えて以下の通り配信している。まずご一読いただきたい。

ライバル各社、急きょ支援　羽田衝突、事故の影響抑制

羽田空港で日航と海上保安庁の航空機が衝突、炎上した事故で、ＪＲや全日空といった日航の「ライバル」企業が、乗客や空港利用者のため、独自のサポート策を緊急で実施し、滑走路閉鎖に伴うトラブルの影響を最小限に抑えようとしていた。事故は3月2日で発生2カ月。「当然のことをしただけ」と述べた各社の担当者の言葉から、交通インフラを支えるプライドがのぞいた。

▽使命帯びた列車

「何とかして臨時列車を追加しなければならない」。ＪＲ東海「新幹線総合指令所」

の古屋学・指令担当課長は事故直後、各空港で足止めを食う人々が新幹線の主要駅に集まると考えた。

年末年始のため列車本数を通常より大幅に増やしており、ダイヤに余裕はない。ただ、各現場に連絡を取ると「臨時をなんとか出そう」という認識は共通していた。

職員らに急きょ乗務を頼むと、みんな快諾。車両基地や運用担当者と調整し、安全性に問題がない車両も確保した。事故の一報から1時間半後には指令所に「やるぞ」という声が響いた。

2日の追加は東京と新大阪発の「のぞみ」1本ずつ。終電後に発車し、終点到着はいずれも午前0時を回った。本来なら夜間に保守点検をするため、日付をまたぐ列車はあり得ない。古屋担当課長は「使命を帯びた列車なので、終電後の追加というまれなケースになった」と明かす。この2本は終点到着後、帰れない乗客のため、休憩用列車として翌朝まで停車。その後も数日間、臨時列車を出し続けた。

▽真のライバル

事故では日航のクルーが乗客全員を無事に脱出させ「奇跡」と世界の称賛を集めた。一方で日航の「真のライバル」とも言える全日空のスタッフも脱出客を支援した。
全日空によると、炎上した機体の最も近くにいたのは全日空機だった。地上業務中のスタッフらが現場に駆け付けると、寒くて暗い広大な滑走路に脱出客約10人を発見。消防から指示された集合場所へと誘導した。うち数人がトイレの使用を希望。整備士は近くの機体の電源を入れ、トイレを使える状態にして案内した。日航スタッフたちからも感謝されたという。（後略）
（共同通信社、2024年2月28日配信）

どのような感想を持たれただろうか。良く言えばコンパクト、悪く言えばやや窮屈に感じられたのではないだろうか。
二つの記事（47リポーターズ用と新聞用）はどちらも私がデスクとして担当したため、新聞用にする際もできるだけネット向けの良さを残そうと意識して書き換えた。それでも、新聞記事にするには文字数が最大の障壁になる。ネット向けが約3000字だったのに対し、この新聞向け記事は後略部分を含め約1300字。1300字は、特別な特集記事でもない限り1本の長さとしてはマックスだ。人によっては「長すぎる」と言われてもおかしくない文字数だが、47リポーターズの書き換えという事情もあったためこの長さで配信できた側面がある。

言いたいことを残しながら文字数を少しでも削ろうとした結果、新聞スタイルが随所に現れる結果になっている。この記事をネットに出しても読まれないはずだ。その理由をもう少しひもときたい。

まず、見出しがネット向けとしては話にならない。見出しを読んだ時点で誰も本文を開かないだろう。たとえ開いたとしても、1行目から「JAL」ではなく「日航」という表記になっていて、やはりとっつきにくい。さらに、リードが全体の要約になっており、ストーリーになっていない。

リードの次の段落では、カギカッコがいきなり投げ付けられ、この発言をしたのが誰かはカギカッコの後にならないと分からない。ほかのカギカッコの後には、ほぼ必ず述語がくっついており、どうしてもテンポが悪くなる。接続詞も、逆接以外は大幅に落とし、指示語も削った。何とかデジタル記事的な読みやすさを残そうとしたが、全体的に「説明文」になってしまっている印象が拭えない。

改めて読み返してみて残念に思った。だが、新聞の特徴の一つである「より多くの情報を短時間で収集できる」という点に立ち返れば、読者は半分以下の文字数で原文に含まれる主要な点を知ることができるとも言える。

デジタル記事と新聞記事は、読む目的も読者の感覚もまったく異なる「別物」だと言えそうだ。

ついでながら、JAL機の衝突事故の記事については、47リポーターズでの配信が共同通信における最初ではない。事故があった2024年1月2日の数日後に、新聞向けの短い記事が次の通り配信されている。こちらも参考までに紹介したい。

全日空、脱出客をサポート　避難誘導、トイレ利用も羽田空港C滑走路で日航と海上保安庁の航空機が衝突した事故で、炎上する日航機から脱出した乗客を、近くにいた全日空のスタッフらが避難誘導し、トイレを貸すサポートをしていた。全日空の広報担当者は「あの状況を目の前にすれば、乗客のことだけを考えて行動するのは当然だ」と話す。

全日空によると、日航機が衝突後に停止した付近は全日空機が多く駐機するエリア。貨物の積み降ろしなど地上業務をしていたスタッフ約10人が駆けつけ、日航機の脱出シューター付近にいた乗客の誘導に当たった。

数人から「トイレに行きたい」との要望があり、スタッフはすぐ整備士に連絡。整備士が駐機中の全日空機の電源を入れ、機内のトイレを利用してもらったという。

（共同通信社、2024年1月7日配信）

ご覧の通り、当初はエピソードが全日空のものだけだった。書き方も新聞的なリードで、内容を要約している。取材して執筆した記者は記事3本とも同じ。全日空のような話がほかにもありそうだと考え、取材を続けて47リポーターズの記事になった。

最後に、この短い記事と、47リポーターズの記事中にある全日空の項を比較していただきたい。分量はデジタル向け記事のほうが多いことが分かると思う。どの部分が増えているだろう。

読み比べていただければ分かるが、単に書き方が変わったからボリュームが出たのではない。デジタル記事では、実際に救助に携わった社員の声や、詳細な場面描写が加わっている。どちらもストーリーとして読ませるには必要な要素だ。一方で、「要約」が優先される新聞では、文字数の制限のせいでこうした要素は省略されがちになる。この点でもデジタルと新聞は正反対になっている。

リードは要約型でもOK

記事をストーリー仕立てにする実例を紹介したが、リードの冒頭からストーリーにする形が万能というわけではないことも経験的に分かってきた。冒頭から無理やりストーリーにしなくても、そのほかの点で工夫することで、十分多くの人に読んでもらえるようになる。

次に紹介する2本は、冒頭部分に説明や要約を入れ、ある程度新聞的に書き始めている。いずれも、少しだけ新聞的にしたほうが、無理にストーリーにするよりかえって読みやすいと判断した記事だ。

ダウン症の高校生がマクドナルドでバイトを始めたら「職場の空気が変わった」ベテラン店員も「教わることが多い」本物の〝スマイル0円〟

東京都立荻窪（おぎくぼ）高2年の渡辺佑樹さん（18）＝東京都世田谷区＝はダウン症。4月からマクドナルドの店舗でアルバイトをしている。シフトは週3回。時給も他の高校生と同じだ。知的障害や自閉症があり、流ちょうな会話や計算は苦手だが、ベテラン店員も「教えてもらうことが多い」と舌を巻くほどの仕事ぶりで、職場の雰囲気を変え始めた。実際に店舗を訪れると、周囲の温かいまなざしに見守られた佑樹さんの、とびきりのスマイルを見ることができた。

ダウン症の正式名称は「ダウン症候群」。人間には通常、遺伝子を含む染色体が23対、計46本あるが、ダウン症の場合は21番目の染色体が3本あり、運動機能や知的な発達に遅れが見られることが多い。

▽「接客の原点」ができていた

私は、障害がある子とそれ以外の子どもが、共に地域の学校で学ぶことをテーマに取材を進めている。ある時、こんな情報を耳にした。「マクドナルドでアルバイトを始めたダウン症の高校生がいる」

5月31日、佑樹さんが働くマクドナルド経堂（きょうどう）駅前店（世田谷区）に入った。260席ほどもある大型店。車いすでも通れるゆったりした通路があり、エレベーターも完備したバリアフリーな店舗だ。

1階の奥にあるカウンターを見ると、ユニホーム姿の佑樹さんが、使用済みのトレーを丁寧に拭き上げていた。十数枚全てを終えると、表情を緩め「できましたー」と大きな声。指導役の店員佐藤ますみさん（47）が「どこに持っていこうか」と聞くと、すぐにトレーを抱え、調理場の定位置に積み上げた。（後略）
（共同通信社、2022年8月25日公開）

「耐えられないほど寒い。でもここしかなかった」 地震後、ビニールハウス暮らしの高齢者約10人 避難所へ行かない「事情」 力を合わせて4人救助

能登半島地震で被災した石川県輪島市の山間部に、稲屋町（とうやまち）という集落がある。この地域が受けた被害も大きく、家が倒壊した住民約10人が農業用のビニールハウスに身を寄せ、避難生活を続けた。氷点下を下回る日もあるほどの場所で、外とビニール1枚隔てただけの生活。北国で暮らしてきた住民にとっても「耐えられないほどの寒さ」だった。それでも工夫を凝らし、2週間も滞在。崩れた建物から住民4人も救助

した。彼らはなぜ避難所へ行かなかったのか。話を聞くと、集落を離れられない事情があった。

▽普段から団結、集落の力

1月1日、稲屋町を巨大な揺れが襲った。自宅2階にいた住人の干場昇一さん(76)は、倒壊した家屋の隙間から外にはって出ることができた。一階にいた妻と帰省中の息子夫婦、孫3人も奇跡的に無事だった。

外に出た近所の人々は、冷たい風を避けるため自然とビニールハウスに集まってきた。一方で、顔を見せない人が何人もいた。25軒ほどの小さな集落で、全員が顔見知り。誰がいないのかはすぐに分かった。

「下敷きになっているのでは…」

心配になった干場さんらが倒壊した家屋に向かって「誰かいるか」と叫ぶと、「ここだ」と叫び返す声。この家に住む松本幸三さん(74)だった。

松本さんは家が崩れた衝撃で気を失っていたが、「呼ばれていて、気がついた」。

干場さんらが耳を澄ますと、ほかにも周囲から助けを求める声が聞こえる。「助けに行くから待ってろ」。ジャッキやのこぎりを使い、家屋に挟まって逃げられない人の救出に、みんなで取りかかった。（後略）（共同通信社、2024年1月29日公開）

場面描写から入らないこうした記事にも、読ませるための「仕掛け」を入れている。それぞれのリードの末尾がそれにあたる。

●マクドナルドでバイトの記事
実際に店舗を訪れると、周囲の温かいまなざしに見守られた佑樹さんの、とびきりのスマイルを見ることができた。

●ビニールハウス暮らしの記事
彼らはなぜ避難所へ行かなかったのか。話を聞くと、集落を離れられない事情があった。

これらの文章の意図は「匂わせ」にある。リードを新聞的にすることとの弊害は、全体を要約してしまうことだった。それだとリードだけを読んで離脱されてしまう。そこで、リードの末尾の一文をこういう形にすることで、読者に「本文まで読み進むと面白いことがありそうだから、もう少しだけ読んでみよう」と思わせようとしている。

ストーリー形式の威力

デジタル記事の書き方をおさらいする。これまでに説明した書き方のポイントを箇条書きで示すと、こうなる。

●記事を説明文にせず、物語（ストーリー）にする
●出だしは、できれば場面の描写から入る
●リードの末尾には、本文に読み進んでもらうための「匂わせ」を入れる
●主人公を一人立てて、場面ごとに主人公の気持ち・感情を書き込む
●できれば時制をさかのぼらず、時系列で書く

●一文を短くし、テンポを良くする。主語の前に長い修飾を付けない
●カギカッコの前にはできるだけその発言者を置き、後ろに述語を置かないようにする
●接続詞や指示語をくどいくらい付け、段落や文同士の関係性を明確にする
●データや識者の言葉など「説明文」になりがちな要素はストーリーの後ろに回す
●新聞慣用の省略形は使わない
●表記に迷ったら、グーグルトレンドで比較する

こうしたポイントは、47リポーターズの記事編集を続けている過程で次第に固まってきたものだ。これらを実行することで、モニターから指摘された点もほぼクリアできたのではないかと思う。

私が編集に関わった原稿はすべて、これらのポイント通りにできるだけ書き換えた。「できるだけ」と限定したのは、もとの原稿を送ってきてくれた記者やデスクによっては、私の書き換え方法が気に入らないケースもあるからだ。書き換えは「私からの提案」という形で伝え、最終的な原稿の形は記者やデスクに決めてもらうことも多かった。新聞的な

書き方に慣れ親しんだ記者やデスクは、私からの「ネット向け」という提案によって修正された原稿を見て驚くことも多かった。

それでも、できるだけ書き換えを続けた結果、効果が次第に実感できるようになった。明らかに平均的なＰＶが増え始めた。プラットフォームによっては「いいね」や「わかりやすい」の数も大幅に増えた。顕著なのは、これまで「ＰＶが伸びにくい、バズりにくい」と考えられていたテーマの記事でも、たびたびバズるようになったことだった。たとえば、次のような記事だ。

「他人事」でも読んでもらえる

この記事も非常に多くの読者に読まれたが、配信する際は正直、読まれるかどうか半信半疑だった。

資格試験でまさかの「正解」、賃貸アパートの鍵を壊したら大家の負担？　予備校は

困惑、国も苦言

　賃貸アパートやマンションから引っ越す際の「原状回復費」。オーナーと賃借人のうち、どちらがどの程度負担するかでトラブルになりやすい。「国民生活センター」が2月1日、春の引っ越しシーズンを前に出したプレスリリースによると、賃貸住宅に関する相談は毎年3万件以上あり、そのうち原状回復の相談は1万3千〜4千件と約4割を占めた。不動産会社の担当者にとっても他人事ではない問題だ。ところが、賃貸住宅を扱う資格試験で、原状回復を巡って物議を醸す試験問題が出された。問題は鍵（シリンダーを含む）の取り扱いについて。「借主が鍵を紛失した場合に限り、シリンダーの原状回復費用は借主が負担する」という選択肢が、正解とされたのだ。この文言通りだとすると、たとえば借主が故意に鍵を壊した場合でも、オーナーが費用を負担しなければならなくなる。

　この問題は、賃貸住宅の入居から退去、更新まで幅広く担う「賃貸不動産経営管理士」の試験で出された。問題と答えはインターネット上でも不動産関係者の間で話題となり、困惑する声が上がった。それでも、試験を実施した団体は、有識者を交えた議論の末、「不適切ではない」と結論付けた。

結果として騒動は国まで巻き込むことになり、所管官庁の国土交通省は「今後の問題作成に当たり、改善を要請」した。さらに、試験合格者の中には試験実施団体の対応に納得がいかず、辞退を申し出る人も現れる事態に。結局、鍵を壊した場合はどちらの負担になるのだろうか。

▽そもそも「賃貸不動産経営管理士」とは

不動産関連の資格と言えば、「宅地建物取引士」（宅建士）が代表格だが、宅建士は募集、案内、契約、鍵の引き渡しといった、主に入居までを担うのに対し、賃貸不動産経営管理士は入居審査から入居中、契約終了など、主に入居中から退去・更新まで、幅広く担う。

もともとは「（一社）賃貸不動産経営管理士協議会」が創設した民間資格だった。ところが、2010年代に「サブリース問題」が勃発した。サブリースとは、不動産業者などがアパートを家主から借り上げ、入居者に貸す事業のこと。問題になったのは、「家賃を保証する」などと勧誘されてアパートを購入したものの、業者が入居率の低迷を理由に賃料を減額したり、業者の経営悪化で賃料が支払われなかったりするケースで、これが2010年代になって多発した。

代表的なのが女性専用シェアハウス「かぼちゃの馬車」。運営していたサブリース業者「スマートデイズ」の経営破綻による賃料未払いや、スルガ銀行による家主への不正融資も明らかになった。

国が対応に動き出し、2021年6月に「賃貸住宅の管理業務等の適正化に関する法律」、いわゆる「賃貸住宅管理業法」が全面施行。その結果、一定の賃貸住宅を管理する事業者には、「業務管理者」が必要になり、この業務管理者になれる要件の一つに「賃貸不動産経営管理士」が含まれた。このため、この資格は民間団体が出しているものの「広義の国家資格」と呼ばれている。

資格者の需要は高まっており、受験を申し込む人数も年々増加。2016年の約1万4000人から2022年は3万5000人となった。

その一方で合格率は16年に55・9％だったのが、22年は27・7％と下がり、難関となっている。

▽騒動となった問題とは

2022年の試験問題を詳しく見てみる。

議論になっているのは、全50問のうちの問11だ。

「原状回復ガイドラインにおける借主の負担に関する次の記述のうち、適切なものはどれか」

問題の選択肢は四つ。そのうち正解とされた4番は「鍵は、紛失した場合に限り、シリンダーの交換費用を借主の負担とする」だった。

字面通りに考えると、賃貸物件のオーナーは鍵のシリンダー交換費用を「鍵の紛失」以外の理由で借主に請求できなくなる可能性が出てくる。たとえば、「盗難」の場合は、防犯上、シリンダーごと取り換えるのが一般的だが、これを大家が負担するのだろうか。さらには借り主が鍵をなくしたことを隠そうと、わざとシリンダーごと壊してしまった場合、紛失が露見しなければ大家に費用を請求できてしまうことにもなる。
ところが、設問にある「原状回復ガイドライン」の記述には「鍵の紛失や不適切な使用による破損は、賃借人負担と判断される場合が多いものと考えられる」とあり、選択肢4と明らかにずれている。さらに、ガイドラインの冒頭などにはこんな大原則が書かれている。「借主の故意・過失、善管注意義務違反、その他通常の使用方法を超えるような使用により生ずる損耗等については、賃借人が負担すべき費用となる」とあり、やはり選択肢4の文言には首を傾(かし)げざるを得ない。
試験後、ネット上でもこの選択肢4に疑問を呈するこんな指摘までなされた。「借主が『鍵をより防犯性能が高いものに変更したい』と提案したら、普通は借主に費用負担が生じるのではないか」(後略)
(共同通信社、2023年3月9日公開)

どう思われただろうか。私が当初、「この記事は読まれにくいかも」と思った理由は、

「賃貸不動産経営管理士」という、ほとんどの人にとってはなじみのない、しかも将来にわたっても関係なさそうな資格の試験をめぐるテーマだったからだ。

こうした記事がネットで読まれにくいのはなぜか。それは読者にとって「他人事」だから。デジタルの世界では、自分と無関係な他人事と、自分に関係のある「自分事」という対比がキーワードになることが多い。おそらくその理由は、ネットに情報があふれすぎているため、「自分に関係するかどうか」という観点で取捨選択をしないと〝情報の洪水〟に飲み込まれてしまう恐れを読者が感じているからだと考えている。

デジタル記事は、他人事と思われれば誰にも見向きもされず、したがってPVは伸びない。しかし、逆に多くの読者が自分事とさえ思ってくれればPVを伸ばせる。だから、この原稿を編集する際は「どうやって自分事と思ってもらうか」に焦点を合わせた。

まずは、見出しから「不動産」や「宅建」といった言葉を外し、単に「資格試験」とした。「不動産」と表現すると、業界関係者しか興味を示さなくなり、大半の読者にとってこの時点で他人事になってしまうため、本文に入ってきてくれない。一方で、何らかの資格試験を受けた経験がある人や、その家族は多い。さらに言えば、高校・大学受験も「入学資格」を得る一種の資格試験と捉えれば、大半の人々にとって自分事になり得る。

リードにはさすがに賃貸不動産経営管理士の試験であることは明記する必要があるが、いきなりそんないかめしい名称を出すと敬遠される。そこで、何が出題ミスか、というテーマを中心に据えて書き始めることにした。一般の人が興味を持てそうなテーマだったからだ。それが「アパートの鍵を壊したら、誰が負担するのか」。

その上で、読者を引き込むため、できるだけストーリーっぽい展開にした。具体的には、「賃貸不動産経営管理士とは何か」→「どんな試験問題だったか」→「正解に疑問を感じた予備校」→「合格者からも憤り」→「監督官庁のコメント」という流れを付けている。「自分や家族が受験者だったら……」とさえ思ってもらえれば、この記事は他人事ではなく、自分事になる。

この記事が狙い通りにいったことは、Yahoo!ニュースのコメント欄やTwitterに綴(つづ)られた記述からうかがえた。宅建とは無関係の、読者がかつて受けた試験での経験や感想が多く書き込まれていたのだ。コメントを眺めながら、多くの読者が自分事として、記事の主人公に感情移入してくれていると思った。

「自分事」にしてしまう

次の記事もよく読まれた。テーマは「医師の過労自殺」。医師でない多くの読者が、なぜ「自分事」と感じたかを考えながら、読んでいただきたい。

「もう限界です」　残業207時間、100日休みなし…医師は26歳で命を絶った　上司は「俺は年5日しか休んでいない」と豪語　医者の「働き方改革」は可能か

2022年2月ごろ、大阪府の高島淳子さん(61)は、1人暮らしの次男・晨伍(しんご)さんの様子に異変を感じた。息子は医師。神戸市にある「甲南医療センター」の消化器内科に勤務し、毎日、自宅を早朝に出て深夜に帰宅する日々が続いている。土日もない。

以前から2週間に1回程度、神戸市の下宿先に寄って掃除をしたり、差し入れをしたりしていた。ただ、きれいだった部屋が次第にゴミが散乱するようになっていった。冷蔵庫にはゼリー飲料しか入っていない。

明らかな過重労働。医師の仕事が一般に大変なことは知っていたが、精神をむしばまれるほど働かせるのはやっぱりおかしい。でも、どうすればいいのか。心配する淳子さんの前で、晨伍さんはさらに危険な状態になっていった。

▽「俺は1日20時間働いた」

淳子さんは、晨伍さんがかつて「優しい上級医になりたい」と話していたことを覚えている。消化器内科医の父の背中を追って医師という夢をかなえ、センターで研修医として働き始めたのが2020年4月。

しかし、22年2月に消化器内科に配属されると、疲れた様子を見せるようになった。職場の様子を尋ねると、指導医とのこんなやりとりを明かした。

「忙しくて勉強する時間がないと相談したら、『俺は1日20時間働いていた。年に5日しか休んでいない』と言われ、説教された」

5月のゴールデンウィークに気分転換できれば。そう思って淳子さんは食事に誘ったが、「行きたくない」と言うようになった。最終的に食事には行ったが、トイレに行き吐いていたという。「心ここにあらず。早く帰りたいと言っていた」

▽「吐き気が止まらない」

ゴールデンウィーク明けに届いたメッセージには「土日も連休も休まれへんねん」とつづられている。その週の金曜に週末の予定をメッセージで尋ねると、電話が鳴った。出ると、電話口の向こうで晨伍さんが泣いている。「100％無理。吐き気が止まらない」

心配でたまらず、車で息子の勤務先へ。車に乗せると、「もう無理や」と取り乱した様子で泣き出した。聞けば、仕事が多忙すぎて学会発表の準備が間に合わないのだという。

「延期してもらうのは」と提案しても「あかんねん」と繰り返すだけ。（後略）

（共同通信社、2024年3月26日公開）

編集する際に考えたのは、過労自殺自体は社会的な課題であり、読んでもらえる可能性が高いことだった。ただ、医師という「一般人には無縁な、特別な世界」の話と感じ取られると、せっかくの記事が読んでもらえなくなる。そこで、主人公を医師ではなく、その母親にしようと考えた。息子に対する親の気持ちを詳細に綴り、しかも時系列でストーリー形式にすれば、他人事にはならない。結果的にこの記事もよく読んでもらえた。

ニュース性がなくても読まれる

ここまでストーリー形式の良さを説明してきたが、その利点は意外なところでも発揮された。「ニュース性がない」記事が、ストーリー形式によって多くの人に読まれるようになったのだ。ニュース性がないとは、言い換えれば、目新しい要素がない、つまり読者がすでに知っているということになる。すでに知っている内容なのに多くの人に読まれるとは、どういうことか。次に紹介する記事が、まさにその典型例だった。

夜の路上で、いきなり頭から南京袋をかぶせられた　北朝鮮に連れ去られた曽我ひとみさん、帰国までの24年「若い人にこそ知ってもらいたい拉致問題」（前編）

日本から北朝鮮に拉致された人のうち、５人が帰国してから２０２２年で20年となった。この年、被害者の１人で新潟県佐渡市に住む曽我ひとみさんは、これまで以上に精力的な発信を行った。報道各社からの質問に1社ずつ対応して丁寧な返信をくれ、介護施設での仕事の傍ら、何度も講演台や街頭に立ち、全面解決を訴えた。

ただ、共同通信を含めた報道各社の「帰国20年」の特集は、過去の記事との重複を避けるため、主にここ数年間の政府交渉の推移と被害者の状況に焦点が当てられる内容が多い。

曽我さんが何度も繰り返していた「拉致問題を知らない、若い人たちに伝える」という願いに、メディアは応えられているのだろうか。曽我さんの帰国当時、４歳だった私は疑問に思い、壮絶な経験を改めて取材。これまでの発言や手記から半生をたどった。

▽幼少期。貧しくとも笑顔だった母との思い出

佐渡市で生まれた曽我さん。楽な暮らしではなく、母ミヨシさんは一家を支えるため家事と工場勤め、夜の内職を両立していた。脳裏に浮かぶのは、余裕があったわけではない生活に愚痴の一つもこぼさず、いつも笑顔を絶やさない母の姿だ。

保育園の帰り道、迎えに来たミヨシさんが包んでくれた角巻き（外套）の温もり。自分の弁当のおかずは辛い漬物だけでも、遠足に出かける娘の弁当にはウインナーや卵焼きを入れてくれた。「母ちゃんの弁当はなんでこんなに少ないの。漬けものだけなの」とたずねると、ミヨシさんは「漬けものが辛いからごはんがいっぱい食べられるんだよ」と笑っていた。

浴衣で盆踊りに出かける小学校の友人と同じ浴衣姿がいいとねだると、少し困った顔をしながらも夜なべして浴衣を作ってくれた。自分のことは後回しで、いつも子ど

もを第一に考えてくれる母親だった。

曽我さんが定時制の高校に通いながら、佐渡市内の病院で准看護師として働いていた当時、患者の脈を測りやすいと選んだ男性向けサイズの腕時計は、母が贈ってくれたものだ。この腕時計は、拉致された後、くじけそうになる度に叱咤激励してくれる母同然の存在になった。

▽2人で買い物中、突然船に乗せられ

1978年8月12日。当時19歳の曽我さんは普段、病院の寮で暮らしていたが、土曜日だったこの日は、いつものように実家に帰った。夜ごろになり、ミヨシさんと先祖の墓前に備える赤飯を用意していたが、足りないものに気づき、2人で近所の雑貨店まで買い物に出かけた。

2人で家路に戻る途中、見知らぬ男性3人に後ろをつけられ、自宅まであと100メートルほどの場所で襲われた。いきなり頭から南京袋をかぶせられ、手足は拘束。近くの川につけていた小舟に乗せられた後、沖に待機していた別の大きな船に移された。

袋を外されたのは船の上。曽我さんは当時の状況をこう話す。「窓もない暗い船室に押し込められていたので、外の様子も知ることができませんでした。身に起きた出来事にただ恐怖するだけで、声を殺して泣くしかありませんでした」

船室に母の姿はなかった。泣き疲れて目を覚ますと、13日の夕方を回っていた。船の甲板から外の景色を見ると、見覚えのない港に着いていた。日本語を話す女性に場所を問うと、「ここは北朝鮮という国だ」と答えた。

別の男性に母の安否を尋ねると、こう言われた。「母さんは日本で元気に暮らしているから、心配しなくていい」(※ミヨシさんは日本政府が認定する拉致被害者だが、北朝鮮側は現在まで、「未入国だ」と主張している)(後略)

(共同通信社、2023年8月25日公開)

拉致被害者の曽我ひとみさんについては、日本に帰国した2002年以来、これまで折に触れてさまざまな報道がされてきた。紹介したこの記事は前編の一部であり、後編と合わせると全文7000字を超える長さだが、これほど長い記事の中に、ニュース性がある要素は実はない。すべて、これまでどこかで報じられてきた内容だ。新聞記者やデスクだったら、「目新しさがないから」と敬遠しがちになる。それでもこの記事が多く読まれた理由は、二つある。

一つは、取材した記者が若く、「私の世代にとっては知らないことばかり」とニュース性を感じたこと。そしてもう一つは、曽我さんの半生をストーリーにしたことだ。幼少期、拉致、北朝鮮での暮らし、帰国、帰国後と時系列で、しかもエピソードを詳細にし、その時々の曽我さんの心理描写を入れているからこそ、多くの人が追体験でき、共感したのだと思う。

リードはいきなりストーリーにはせず、新聞的な要約になっているが、この記事ではこの形が必要だった。記者がこの記事を書いたのは「自分のような若い世代に知ってほしい」と考えたから。記事を配信した2023年時点で30代後半より上であれば、曽我さんら拉致被害者の話は常識になっている一方で、それより下の世代にとっては、この記者も含めて「まったく知らない話」。記者のモチベーションをリードに入れることは、共感を呼ぶ要素になり得ると考えた。その代わり、見出しに「夜の路上で」という描写を入れ、この記事がストーリーであることを見出しの段階で読者に気付いてもらう狙いにし、このスタイルになった。

もっと読まれるためにできること

ここまで、記事をストーリー形式にすることで、他人事と思われがちな内容でも、あるいはニュース性がなくても多くの人に読まれるようになることを紹介してきた。加えて、さらに多く読まれるためのポイントはまだある。

同じストーリー形式でも、内容によって極めてよく読まれる記事があった。それは、読者が求めている話。つまり世の中の話題の中心になっているニュースに関するエピソードで、しかも、ほかの報道機関、ニュース媒体のどこも書いていない話だ。次に紹介する記事はその典型的な例と言える。

「命だけは助かった」　でも…残された荷物はどうなった？　羽田の航空機炎上事故、避難した乗客が語る「その後」

　羽田空港滑走路で起きた日本航空（ＪＡＬ）の衝突事故。埼玉県に住む30代の鈴木浩一さん＝仮名＝も乗客の１人だった。客室乗務員の指示に従い、脱出用シューターをすべり降りた後、安堵の思いがこみ上げた。「命が助かって良かった」。一方で、身の安全が確保されたことを自覚した時、ぼんやりと思った。「荷物はどうなるんだろう」

　１月２日の事故では、炎上する機体のショッキングな映像とともに、乗客乗員３７９人が全員無事だったことで世界中に驚きを与えた。ただ、着の身着のままで空港に留め置かれた乗客は、その後どうしたのだろう。貨物室に残された荷物約２００個や、機内に持ち込んで収納棚にしまった手荷物の中には、乗客にとって大切なものもあったはず。荷物の返還や補償はどう進むのか。北海道旅行の帰りに巻き込まれた鈴木さんに、未曽有の航空事故の一部始終と「その後」を語ってもらった。

鈴木さんは昨年末から3泊4日の日程で札幌の友人を訪れ、埼玉の自宅に戻るため、2日の便に搭乗した。

▽炎上する機体、財布とスマホだけを手に脱出

北海道旅行は、新型コロナウイルス禍以降初めて。年始で値が張る時期だったが、JALを予約した。理由は、以前に格安航空会社（LCC）を利用した際、積雪で欠航したのに振替便がなかったため。「万が一」を考え、便数が多い航空会社を選んだ。

羽田空港に着いた午後5時47分、着陸の衝撃と同時に「ドン」という別の大きな衝撃があった。窓を見ると、エンジン部分からオレンジ色の火が出ていた。衝撃が収まった後、機内は煙が充満し、辺り一面に焦げ臭いにおいが立ちこめた。

「衝撃があってから非常ドアが開くまで5分ぐらいだったと思うけど、すごく長く感じました。収納棚から荷物を取りだそうとした人もいましたが、客室乗務員さんに『手荷物を取り出さないでください』と言われ、みんな指示に素直に従っていました。

避難は比較的スムーズだったと思います」

鈴木さんが身につけていたのは財布とスマホだけ。脱出用シューターをすべり降りた直後、右のエンジンから「ウィーン」とうなるような音が上がった。

「離れて！」

客室乗務員の声を頼りに走って機体から離れた。近くにいた乗客たちと、燃え盛る機体を遠巻きに見つめた時、安堵の思いと同時に「荷物はどうなるんだろう」と思った。

預けたトランクの中には、4日分の着替えや職場へのお土産、友人宅で遊ぶために持参したニンテンドースイッチが入っていた。

▽タクシー代3万5千円、焼失した荷物の補償は…
避難した乗客は、全員の安否確認が終わってから約1時間後、バスに乗せられて空港内のホールに集められ、毛布やおにぎりなど簡単な食事が配られた。

「預けた荷物はどうなるのか」

ＪＡＬの係員に尋ねる人もいたが、係員は「後日住所に送る」「詳しいことはお伝えできない」と答え、具体的な話はなかった。（後略）

（共同通信社、２０２４年１月13日公開）

２０２４年１月にあった羽田空港でのＪＡＬ機衝突事故。その一報が報じられた後、あらゆるプラットフォームに掲載されるニュースは、この事故と、直前にあった能登半島地震の二つで占められ、ほかのトピックはあまり読まれなくなった。その状態は１週間以上続く。

さまざまな報道機関やニュース媒体に、この事故に関する多様な記事が掲載されている。ただ、ニュースには「旬」があり、読者が求める内容は日がたつごとに、また時間の経過とともに変わっていく。

この事故のケースであれば、事故当日は一報が伝えられた後、その詳報、乗客たちの声、ＪＡＬ側の説明内容で占められた。２日目になると、乗客が脱出するまでの一部始終が再現された記事に注目が集まり、犠牲者ゼロだったことが海外で「奇跡」と称賛されていること、事故現場近くに居合わせた全日空の社員たちが救助に加わったことへと移り変わり、さらに、飛行機にペットを預けることの是非がＳＮＳで議論になって盛り上がっていった。

ニュースで取り上げられるテーマがこれほどの大事故だけに、当然ながら「命」に関わる話題で占められているなという感想を抱いた私は、一方で「荷物は結局、どうなったのか」と疑問に思った。プラットフォームやＳＮＳをさんざん検索して調べたが、ちょうどいい記事は見当たらない。

そこで、事故当日に空港で取材していた旧知の記者に尋ねると、「乗客とＪＡＬに聞いて、記事にします」と返答してくれた。この記者がすぐに取材を始め、乗客を主人公にしたストーリーにしたのがこの記事だ。

配信すると、事故からやや日がたっていたものの、爆発的に読まれる結果になった。その様子を見ていて、第２章で紹介したデジタル記事の分析結果を思い出した。分析した五つの要素のうちの３番目で説明した「話題になっているニュースの中で独自性がある関連記事」の威力を思い知らされた。

読者の「モヤモヤ」に答えるネタを

このケースと同じ観点で取材した記事が、先ほど紹介した能登半島地震でビニールハウスに避難した人々の記事だ。当時、ビニールハウスに避難している人がいることはテレビなどでも報道されていたが、避難者たちがなぜここにいて、なぜ避難所に行かないのか、どうやって過ごし、どんなことを考えているかを、密着して書いた記事はなかった。

第2章で紹介したパシュート日本代表の記事も似ている。金メダル目前で敗れたため、北京オリンピックのハイライトの一つとなり、関連する報道は非常に多かったが、決勝後の様子を放映していたテレビ番組の中で、ある場面が気になった。

それは、リンクから引き揚げてくる途中の選手たちから笑い声が上がっていたこと。「負けた直後で悔しいはずなのに、なぜ笑い声が?」と感じた視聴者は多いはずだ、と思った。何が起きていたのかとモヤモヤしているところへ、その「当事者」となったカメラマンから記事がタイミングよく送られてきた。

この、人々がなんとなくモヤモヤと思っている点に応える記事が出るのは、大ニュースに限らない。たとえば、ＳＮＳで誹謗中傷をした人が、その後どうなるのか。なんとなく知っていても、その行く末を明言できる人は多くはないだろう。次に紹介するのはその「どうなるか」に焦点を当てて取材した記事であり、だからこそ読まれたと言えるものである。

「結局、前科がつきました」ＳＮＳでの誹謗中傷、被害者が本気出すとどうなる？
身元すぐ判明→賠償拒否→告訴→罰金刑

２０２１年３月、あるコスプレイベントの告知がツイッターに投稿された。コスプレをした参加者が、「蔵造り」で知られる埼玉県川越市の街並みを散策する予定だった。

すると、ＳＮＳで根拠のない批判にさらされた。

「こちらの主催、無許可です」

「（参加した場合）事情聴取される可能性が高いです」

これらは誤りだった。この種のイベントに警察の許可は必要ない。地域の関係者も事前に理解していた。しかし、誤情報は瞬く間に拡散。イベントは中止に追い込まれた。

SNSでの誹謗中傷は、姿の見えない投稿者からの攻撃だ。被害者は泣き寝入りするケースも多い。しかし、このイベントを企画した会社の菩提寺由美子さんは違った。開示請求で発信者を突き止め、損害賠償、刑事告訴まで踏み切った。被害者にとって裁判は時間的にも精神的にも大きな負担だ。それを乗り越えた菩提寺さんに話を聞くと、「（2020年に命を絶ったプロレスラーの）木村花さんを思い浮かべた」という。

▽身近な誰かの嫌がらせかも。疑心暗鬼に

当初、イベントの準備は順調に進んでいた。地元の商工会議所に事前連絡して了承を得ていた。必要な許可などの打ち合わせも済んでいた。この種のイベントに道路使用許可は不要だ。他の着物レンタル店やバスツアー客が参加するイベントも、申請なしで問題なく開催されていた。警察にもイベント当日の巡回をお願いしてあった。
　このため、ＳＮＳで批判が広まった直後に、「開催に法的問題はない」と投稿した。しかし、拡散は誤った情報の方が早く、信用されやすかった。根も葉もないうわさを広めたのは誰なのか。菩提寺さんは当時の気持ちを振り返る。「身の回りにいる友人や知人ではないかと思い怖かった」（後略）
（共同通信社、２０２４年１月８日公開）

　考えてみると、「読者が今、何を求めているのか」をかぎ分けるのは簡単ではない。一方で、それは報道機関の本来の仕事とも言える。新聞記者の記事がデジタルであまり読まれなかったのは、書き方以前に、読者が「知りたい」と思っていることに本当の意味で応えようとしてこなかったからかもしれない。
　読者が知りたがっていることが何かをもっと突き詰め、そこに焦点を当てて取材し、その内容をストーリー形式で書く。私が説明してきたのは、要約すればそれだけのことだ。そこまで考えれば、多くの人に記事を読んでもらうことは実はそれほど難しくはないのかもしれない、という感想を持った。

淡々とした文体ほど共感される

最後に一つ、避けるべき文章の書き方、いわゆるＮＧについても触れておきたい。デジタル向けの原稿を書いてくる記者の一部の文章が、一言で言うと「お涙ちょうだい」的な文体になっていることがままある。これはおそらく、共感してもらうことの大切さを強調し続けた私にも原因がありそうだ。読者を感動させようとして書き手の感情が入り込んでしまっているのだろうが、これははっきり言って逆効果になる。文体が書き手の独りよがりになると、読者は冷めてしまうからだ。

これはデジタルに限った話ではない。文章はやはり淡々と書いてほしい。そのほうが、感情を込めた文章より読者に共感されやすい。

ＮＧについて取り上げたついでに、書き手がやりがちな、というか私が原稿を編集する中でよく見たＮＧを紹介したい。それは次の通り。

①「上から目線」の批判
②私しか知らない、私の特ダネだという「自慢」
③自分の言い回しに「酔う」
④「独りよがり」の文体

記者が書く記事では、政府や企業、あるいは深刻な社会問題について批判することも多い。ただ、新聞でたまに見るのが、上から目線で書いている記事。自分たちのことを棚に上げて何様なのだろうと私も思うことがあるが、デジタルではもっと直接的に読者から「何様だ」といったコメントを付けられてしまう。

だからこそ、謙虚さを失わず、「下から目線」で書いたほうが読まれやすい。特に記者の場合、「記者である」だけで読者から「偉そうだ」と思われることも多い。一部では「マスゴミ」と批判されていることも、忘れてはならない点だと思う。

最後の課題「見出し」

ここまで、記事本文の書き方について詳述してきた。この章の最後では見出しについて説明しようと思う。第2章でも触れたが、新聞とデジタル記事とでは、見出しの付け方は明確に異なる。

新聞は、すでに新聞を手に取っている読者に向けて、記事のエッセンスであるリードの、さらにエッセンスを見出しにする。一方で、デジタル向けではプラットフォームに並ぶ無数の記事の中から、自分が書いた記事を何とか選んでもらえるような見出しの付け方をしている。簡単に言えば、競争があるかないかの違いとも言える。

ただ、選んでもらえるなら何でもいいわけではなく、第2章で説明したようないわゆる「釣り見出し」にならないよう注意する必要がある。

読者の目を引くことを第一目的にすると、どうしても大げさな表現を使いたくなる。その結果として、記事に書いていない内容を見出しに取りがちになる。結果的にその記事単体では多く読まれたとしても、次第に読者が引っかからなくなる。たとえば、それが47リポーターズであれば、その配信元である「47NEWS」の題字を見た瞬間に読者は「またか」「この媒体は釣り見出しが多かった」と思い出し、選ばれなくなる。

「釣り」にならずに、しかも読まれる見出しを付けるにはどうすればいいか。結論から先に言えば、いまだに100%の正解は分からない。だが、試行錯誤の末、見出しを付ける際の考え方として次の4点は押さえておくようになった。

① 文字数は長くていい。50字、60字超でも問題ない
② 記者ファーストでなく、読者ファーストで考える
③ 何についての記事かが分かるワードを、できれば前のほうに置く
④ 読者の感情を動かせる表現を記事本文から探す

説明していくと、まず①の文字数だが、各プラットフォームが推奨するのは40字を少し超える程度までであることが多い。ただ、これまでにバズった各メディアの記事の見出しを見ていると、50字超が意外と多いと感じた。それなのに、プラットフォームが長い見出

しを推奨しないのは、スマホ画面の見出しの欄に収まるようにしたいからではないかと邪推したくなる。スマホ上では、長すぎる見出しは途中で切られ、以降は「…」と省略されがちだ。でも、そうなっても問題ないと私は考えている。実際に47リポーターズでバズった記事の見出しの多くも、50字を超えていた。

見出しの文字数を抑えることによる弊害もあると思う。文字数を抑えようとすると、どうしても新聞的になる。前述のような省略形を使いがちになり、動詞を書かず、助詞だけ付けて終わらせたくなる。

助詞だけで終わらせるとは、たとえばこんな書き方だ。

【例】
「信頼回復が重要」と岸田首相

この見出しを見てすぐに、岸田首相が何かについて「信頼回復が重要」と述べた、と正確に読み取った読者がどれぐらいいるだろうか。中には、助詞の「と」を and の意味だと思った人もいるのではないだろうか。紛らわしい表現だと思うが、こうした見出しは新聞では日常的だ。理由はやはり、文字数が制限されているからだ。

一方で、デジタル記事でこうした見出しの付け方をすると、致命的になる。意味を誤読した読者は、困惑した瞬間に本文を開く気が失せる。ネットでは見出しの文字数が長くなってもいいと考える理由は、ここにある。

②の読者ファーストについては、私も経験があるが、記者に限らず、何らかの文章の執筆者は、自分が最も伝えたいこと、強調したいことを見出しに取りがちだ。気持ちはよく分かるが、それは読者から見ると、どうでもいい。数多く並ぶ記事から一つを選んでもらうためには、選ぶ読者側の視点に立って見出しを考えてほしい。どんな見出しであれば自分が読んでみたくなるか、突き詰めて考えることが必要になる。

③は、見出しの長さと関係している。60字を超える見出しは、見出しというよりもはや

文章だとも言える。そのため、読者は見出しすら最後まで読んでくれないかもしれない。「何についての記事か」が早めに明示されないと、何のことか分からずに見出しを読まされることになり、ストレスを感じて途中で離脱する恐れがある。

一方で、「前のほうに置く」に「できれば」と注文を付けたのは、見出しには何についての記事かを明示するより、考えるべき重要な観点があるためだ。それが④の「読者の感情を動かせる表現」。この点を優先すると、「何についての記事か」は必然的にその後ろに回ることになる。

この④のポイントがなぜそれほど重要なのか。それはデジタル記事の特性を考えれば分かる。第2章でも述べたように、ネットで読まれるには「共感」が大切。ストーリー形式にするのも、読者が共感しやすくするためだった。見出しを考える上でも同じで、共感を求めている読者に対し、「これはあなたが共感できる記事です」と伝えることが重要になってくる。見出しを見た段階で読者の感情が動けば、記事を読んでもらいやすくなる。

では、どういうワードであれば、読者の感情が動くのか。言語化するのは難しいが、これまでに多く読まれた記事の見出しを見ていくと、いくつかのパターンらしきものがある。

ここでその一部を紹介したい。

実際に多く読まれた記事の見出しのパターン

① カギカッコ付きのパワーワード

- 「何かもう疲れてしまった。だめなお母さんでごめんなさい」 障害がある17歳の息子を絞殺した母の絶望
- 「犯人は10人未満のうちの誰かだ」 重度障害の娘への性加害…でも警察は被害届を一時受理せず
- 「ばばも死ぬから、死んで」 78歳の女性は苦悩の末、孫の首に手を掛けた
- 「ひとり残されるぐらいなら、自分も船に乗っていれば良かった」 知床観光船沈没、元妻と息子はいまだに行方不明
- 「まるでキャバクラ」 国際ミスコン予選でまさか 出場女性を審査員の隣にはべらせ…国連は「勝手にロゴ使用」と激怒
- 「一緒になれないなら死ぬ」 知的障害の2人は、反対を乗り越え62歳で結婚した

●「愛の中で逝かせて」 21歳の娘は安楽死を選んだ 受け入れた母の思い
●「あまりに無謀で、迷惑」 富士山にピクニック並の軽装で弾丸登山、寒さしのぎに山荘へ無断侵入、大量のゴミ…大混雑で世界遺産〝取り消し〟懸念の声も
●「中高年の転職の厳しさを知ってほしい」 憧れの職業パイロットから、アルバイト掛け持ち生活に転落

これらは、記事本文の中から人を引きつける発言を抜き出し、それを見出しの最初に持ってきている。狙いはもちろん、読者の感情を動かすためだ。よく読まれた記事の見出しは、47リポーターズではこの形が一番多い。

② 問いかけ
●通知表をやめた公立小学校、2年後どうなった? 子ども同士を「比べない」と決めた教員たちの挑戦
●女性の「生理」を男子校で教えたらどうなった? 「放課中に急いで交換」「蒸れやすく

不快」

●「命だけは助かった」 でも…残された荷物はどうなった？ 羽田の航空機炎上事故、避難した乗客が語る「その後」

読者に質問を投げかける形。なぜこの形が読まれるのかはっきりとは理由を答えられないが、推測するに、人間は一定程度興味を持つ内容について誰かから質問されると、思わず答えを考えてしまう性質があるのかもしれない。

③ 他人の感情

●裁判長も同情、妊娠したベトナム人技能実習生に冷たかった日本 借金抱え、受診も断られ、企業と監理団体は「気付かなかった」

●捜査員が激怒「これが危険運転でなければ、何が危険運転に当たるんだ」

●JR東日本が言葉を濁す「れんが建築物」の正体 実は皇室専用車両の保管庫だった

●寺の住職がびっくりした「数百年後の恩返し」 床が抜けそうな貧乏寺の改築費用を寄

付したのは、まさかの「潜伏キリシタン」の子孫だった

●後藤田知事も激怒、高校生に配備のタブレット「3年もたず半数超が故障」の異常

誰かの感情が激しく動いているのも、人は気になるらしい。特に、目上の存在や、ある程度尊敬される立場の人の感情は注目されがち。たとえば野球が好きな人なら、「大谷も感動…」といった見出しがあれば、気になって本文が読みたくなるのではないだろうか。

また、この形は、映画のコピーにも共通しているように思う。「全米が泣いた」といった映画の宣伝文句も同じ趣旨ではないかと思う。最初にこのコピーに触れた時は、「アメリカ中でそんなに感動された映画ってどんなにすごいんだろう、見てみたい」と思ったことを覚えている。

④ ストーリーの予告

●夜の路上で、いきなり頭から南京袋をかぶせられた　北朝鮮に連れ去られた曽我ひとみさん、帰国までの24年

●海底の坑道には、今も183人の遺体が閉じ込められている…82年たっても政府が調査に後ろ向きな理由

●「感染者が立ち寄った店」 知事のひと言で客は消えた…老舗ラーメン店主の絶望 行政のコロナ対応は本当に妥当だった？

●成績トップだった中国人留学生は、母国の〝依頼〟を断れずスパイ活動の「末端」に転落した 夢を持つ若者を引き込む中国軍の情報活動 日本へのサイバー攻撃関与の疑いで国際手配へ

●政界を揺るがした捜査のきっかけは、1人の「教授」の執念だった 自民党の派閥裏金事件

これらは、これからストーリーが始まることを予告するような書き方。読まれる記事の分析で、読者は「共感を求めている」とあったように、記事本文がいわゆる「エモい」話になっていることが見出しを見た段階で分かれば、本文に流入する人は多くなる。

危険な見出し

多く読まれた記事の見出しについてここまで四つのパターンを挙げたが、これに倣ったからといって必ずしもうまくいくわけではない。実は、これらのパターンに当てはめたのに、あまり読まれなかったという記事のほうが圧倒的に多い。うまくバズらせられない状況が長く続くと、デジタル記事を担当する責任者として、懸命に取材して執筆してくれた記者たちに顔向けできない気持ちにもなる。

だからといって読者の感情を動かそうとして見出しにあまりに凝りすぎると、失敗しがちだ。次に挙げる2本の見出しは、私が実際に失敗した例として、恥ずかしながら紹介する。

●「まるでキャバ嬢扱い」　国際ミスコン予選でまさか　出場女性を審査員の隣にはべらせ…国連は「勝手にロゴ使用」と激怒

●東日本大震災の多すぎる遺体、大きく貢献したソフトを作ったのは、遺体安置所にいた

1人の歯科医だった

一つ目は「キャバ嬢扱い」という表現が不適切だと社内から指摘された。人の職業を貶（おとし）めるような表現で、言われてみれば確かにその通りだが、PVを上げることに夢中になりすぎていた私は気付いていなかった。その後、「まるでキャバクラ」と変更して配信したところ、結果多くの人に読んでもらえた。見出しどうこうというより、もともとの記事本文に読者を引きつけるパワーがあったからだ。小手先で何とかしようと思っていた自分が恥ずかしかった。

二つ目は誰が見ても分かるだろうが、「多すぎる遺体」という表現の不適切さ。これも紹介していて恥ずかしくなるが、あまりに配慮を欠いた表現だ。この見出しも社内で指摘を受けた。言われて、こんな基本的なことに気付かなくなっていた自分が少し怖くなった。その後「東日本大震災の身元確認」と穏当な表現にして配信。こちらも多く読まれた。

この二つの失敗例は、見出しに凝りすぎるのはかえって良くない、という私自身への戒めになっている。デジタル記事を担当する社外の人と話していると、「PVは見出し次第」

と言い切る人が一定数いるが、個人的には必ずしもそうだとは思わない。

大切なのはやはり記事本文の質であり、この配信元の記事は読みやすい、と思ってもらえるように、ブランド力を長期的に育てることこそ優先すべきだと思う。見出しは、せっかくの取材成果を多くの人の目に触れさせるよう工夫をすべき箇所だが、一方で、その危うさを認識する必要があるとも考えている。

見出しにも流行がある

見出しに凝りすぎることの弊害は前述した通りだが、他にも留意すべき点がある。それは見出しにも流行があること。時とともに見出しの形も移り変わっているのだ。その典型的な例と言えそうなのが「〜の理由」「〜のわけ」という言葉。たとえば「○○事件が迷宮入りした本当の理由」というような見出しだ。

この手の見出しがつけられたデジタル記事は、数年前まで各プラットフォームにあふれていた。読者に「何か特別なウラ事情がありそうだ」と興味をかきたてさせて、思わず本文を開けさせようとする意図があったのだろう。

ただ、あまりに流行しすぎたためか、近年ではあまり見なくなった。まず流行の原因は、「〜の理由」という見出しを付けるとPVが稼げる、と気付いた執筆者・制作者側があらゆるデジタル記事に似たような見出しを付けたせいではないかと想像する。その結果、見出しに引きつけられて本文を読んだのに、まともな「理由」が書かれていないことに読者が気付き始め、そうした「失敗」を味わわされた結果、「〜の理由」という見出しに引っかからなくなったのだろう。あるプラットフォームの関係者が最近「『〜の理由』という形の見出しは、読者に釣り見出しだと認定されている」と発言していたことも、裏付けになっている。

見出しにも流行があり、移り変わるものだと考えれば、一時的に良い形を見つけたとしても、いずれ廃れる可能性がある。絶対的な正解はないのであり、見出しだけに頼るべきではないとやはり思う。

第4章　説明文からストーリーへ
——読者が変われば伝え方も変わる

読者を迷子にしない

第3章で紹介したさまざまな書き方のポイント。その意図をざっくり言うとこうなる。

「読者を迷子にしないように、読者の手を取って文末まで導く」

順を追って説明していくと、まず、デジタルで長文記事を出し続けるうちに感覚的に分かってきたのは、読者が移り気なことだった。読み始めた記事について少しでも「分からない」と感じたり、文章の流れを見失ったりした時、立ち止まって考えたり、読み返したりはしないようだ。すぐに離脱されてしまう。私自身がスマホでデジタル記事を移動時間や空き時間に読んでいる時も、読んでいて心地良いと思えなくなると、すぐに離脱してしまっている。紙の新聞の時は読み返すのに。

だから、編集する際にはそんな自分を念頭に置いている。記事が「読者にストレスを与える形」になっていないかどうかを注意深く見て、ストレスを感じさせないような言い回しに逐一変えていかなければ、最後まで読んでもらえない。移り気な読者が道に迷わないよう、手を取って文末まで導いていくイメージが求められていると感じている。

ただ、この考え方を共同通信の同僚記者やデスクたちに説明すると、驚かれることも多い。デジタルで長文記事をひたすら編集してきた立場上、前述したようなポイントを会社の内外で説明する機会が増えた。相手はみな記者やデスクといった編集部門だ。新聞とデジタルの違いから説き起こし、具体的な書き方を説明すると、納得してくれる人も多い一方で、違和感を抱く人も多い。

特に、次に挙げる二つのポイントは予想外だったらしく、質問されることがたびたびある。

それは「接続詞・指示語の多用」と「カギカッコの使い方」だ。

これまでに述べた通り、新聞の文字数を削ることに日々追われている記者やデスクは、接続詞や指示語を見ると、まず削ることを考える癖がついている。そのほとんどがなくても意味が通じるからで、人によっては「不要」とすら思いがちだ。それが、デジタル記事を書く場合は正反対だと言われる。抵抗を強く感じるのも当然だろう。接続詞や指示語が多い文章を見ると、装飾しすぎのように感じる。私も、その感覚はよく分かる。しかし、記者やデスクがそう強く感じるのは、長文を読み慣れている人たちだからだとも思う。

デジタル用の記事を編集し続ける中で感じたのは、文章、特に長文を読み慣れていない読者が非常に多いことだ。記事に対するコメントをSNSやプラットフォームで見ていて、書かれている内容や文体からそう感じることがたびたびある。

この点は根拠となるデータがあるわけではなく、私の感覚にすぎないのかもしれない。それでも、たとえば第2章で紹介した若いモニターたちの中にも、読書をする習慣がない人が非常に多かった。

年若になればなるほど、ある種の文章を読む能力が低下し、いわゆる「文章離れ」が進んでいるのではないかとも感じる。普段から文章を読み慣れていない人にとっては、40

0字詰め原稿用紙2枚程度、つまり800字程度の文章ですら「苦痛に感じる」。知り合った大学生（しかも複数）にそう言われた。

そうした人にも読んでもらえる、という観点で文章を作ると、読みやすくするための接続詞や指示語が多くなる。接続詞や指示語が次の文章、次の段落を読み進めるガイドの役割を担うことになり、読者が「迷子」になりにくい、と言えば理解してもらえるだろうか。反対に、文章を読み慣れている人にとってはくどい。それでも、くどい原稿のほうが、デジタル記事では伝えたいことをより理解してもらえている実感がある。

読者の理解の助けになるのなら、文章の美しさを二の次にしても接続詞や指示語をたくさん付けたほうがいいのではないかと思う。目指すべきなのは取材した内容をできるだけ分かりやすく伝えて内容を理解してもらうことであり、表現の美しさを競うわけでもなく、洗練された文章を読ませたいという狙いもない。

カギカッコの使い方についても、同じことが言えると思う。誰かの長い発言の後に「〜と話す」「〜と語った」と述語を付けることに疑問を持たないのは、こうした文体に慣れているからだろう。新聞記事を日々作る中で、この文体が染み付いたからだと考える。

私も「カギカッコの後に述語を付ける形、読みにくいですよ」と第2章で述べた編集者に言われるまで、まったく疑問に思っていなかった。一方で、それを意識するようになり、カギカッコで一文を終わらせる文体に次第に慣れていった結果、述語が付く形の読みにくさ、リズムの悪さ、なんとも言えない「もったり」した感覚を、人一倍感じるようになってきた。

説明文は読みたくない

デジタルで記事を担当し始めた当初、読者が変化していることを考慮に入れてこなかったことが、紙の世界で生きてきた私の誤りだと気付いた。長文を読み慣れていない、若い世代のデジタル読者の傾向を捉え、そうした人も読み手にいることを考慮して文章を編集することが、デジタルで多く読まれる鍵になっている。

読んでもらうためにまずすべきことは、繰り返し述べているように、文章を徹底的に分かりやすくすること。

その好例として私がいつも思い浮かべるのが、司馬遼太郎の小説だ。私自身も中学、高校生の頃は、読書が苦手だった。「面白いよ」と友人らから勧められた文庫本を手に取っても、読んでいる途中で投げ出したくなる。そんな私でも、なぜか司馬遼太郎の歴史小説だけは読み通すことができた。

大人になって記者になり、読書が習慣化した後で読み返した時、改めてその圧倒的な読みやすさに驚いた。「まるでマンガ」とすら思った。だからこそ中学生の自分でも読めたのだと納得した。デジタル記事で私が実現しようとしたのも、この圧倒的な分かりやすさと、テンポの良さだ。

それをどう具体化するか、どうすれば途中で飽きられないかを考えた挙げ句、たどり着いたのが、まずは文章をストーリーに変えることだった。

翻って、新聞記事が離脱されてしまいがちなのは、簡単に言い切ってしまえば文章が「説明文」になっているからではないかと思う。書かれている内容がどんなに素晴らしくても、説明文であるがために面白みがなく、そのせいでデジタルの世界で読者に忌避されてしまうのは、取材や執筆の手間と苦労を考えるともったいない。

それが、物語性を持たせることで読んでもらえるようになるのなら、そうしない手はない。ある社会課題について記事を書く時、それをコンパクトに説明してしまうのではなく、その課題に直面する当事者を主人公に立て、その主人公に起こった出来事や、その主人公が感じてきたことを時系列に並べて書いていけばストーリーになる。

比べてみると、どちらも文章という点では同じで、しかも伝えたい内容も同じでありながら、まったく別物だということがはっきりしてくる。

その違いは、くどいようだが説明文かストーリーかという構成にある。

誤解がないように付け加えれば、デジタルのストーリーが新聞の説明文より優れている、と言いたいわけではない。優劣の問題ではなく、新聞記事とデジタル記事にはそれぞれ利点と欠点がある。

新聞のメリットは、最新の情報をコンパクトに簡単に得られること。見出しやリードにニュースの重要な要素が要約されて詰まっているため、特に時間がない読者は、各面の見出しとリードさえ読んでおけば最低限のニュースをまとめて把握できる。さらに時間がない時は、見出しを頭に入れるだけでも、どんなニュースがあるのかぐらいは押さえられる。雑多な情報を能動的に得ようとする読者にとっては、現在でも最適なツールだと思う。

一方で、デジタルの読者は、より受動的だと感じる。たとえば、スキマ時間に何気なくスマホを触っていて、画面に表示された記事に不意に出会うイメージだ。そこで気が向いて読み始めた人にとって、大切なのは読み心地の良さであって、かたい説明文ではない。ストレスを感じずにストーリーを読み終わった時、ある社会課題の存在を、具体例を伴って理解できていればいい。

説明しづらいのは、この能動的に情報を得たい人と、受動的に情報を得たい人が必ずしも別人でない点だ。同じ一人の中に双方が存在していることにある。新聞読者である私自身が、デジタル読者でもある。新聞を広げて能動的にニュースを把握しようとする時と、通勤時や暇な時にスマホに表示された記事を受動的に眺めている時がある。記事をどういうタイミングや状況で読むかによって、読者の心の持ちようも変わってくるのではないだろうか。

説明文とストーリーの違いから導き出せるのは、能動・受動だけではない。もっと大きな差異も感じる。新聞で説明されている内容から得ることができるのは、知識や教訓だ。一方、ストーリー形式で書かれたデジタル記事からにじみ出るのは共感性になる。

あくまで個人的なイメージにすぎないが、この違いは非常に大きい。新聞記事とデジタル記事の違いが、まるで「左脳」と「右脳」の違いのように感じる。知識を能動的に求める人に応える新聞記事が左脳、共感や感動を求める人に応えるデジタル記事が右脳、という感覚を、デジタル記事の編集を続けるうちに強く抱くようになった。

PV至上主義の弊害

第3章の見出しの書き方の項でも説明したが、プラットフォームに並ぶデジタル記事を眺めていると、「感情」が重要なのだとつくづく感じる。インターネット上に存在するさまざまな記事の見出しから読み取れるのは、語弊があるかもしれないが「エモさ」であり、それが強調されている。

それが良いことなのかどうかは分からない。ただ、社会に広く情報を伝えていくことを仕事としている私たちは、「新聞と相いれないもの」といってデジタルに背を向け続けることはできない。

なぜなら、読者に説明文で「知識」と「教訓」を届けることももちろん大切だが、紙の新聞読者が年々減り続ける現状では、デジタル読者にも社会で共有すべき情報、ニュースを届けていかなければ、報道機関の役割を果たしたことにならないから。そう考えると、文章の書き手は新聞記事の書き方だけでなく、デジタル記事の書き方も身につける必要があるという結論に行き着く。

ここで勘違いされがちなのは、「デジタル記事の書き方を覚えてPVを稼げればいい」と短絡的に考えることだ。これは誤りと断言できる。PVは、多くの人の目に触れたという指標にはなるものの、それ以上の意味は持たない。大切なのはよく読まれ、正しく理解されているかどうかに目を配ることであり、PV至上主義に陥ってはならない。PVを稼ぐことが目的化すれば表現が大げさになりがちになり、大切な情報を伝えられなくなる。読者の好みに合わせた記事があふれることになると、好みのジャンルではないけれど知っておいたほうがいい、より大切な情報が目立たなくなって隠れてしまう。

この問題は、デジタルが「感情の世界」だからこそ起きる。PVは、読者の感情さえ動かすことができれば稼ぐことができる。バズりやすくなる。

さらに、PV至上主義の危険性は、PVが〝水もの〟である点にもある。同じ記事を二つの別のタイミングで出すと、ＰＶは大きく異なってくる。2年ほど前に一度、こんな「実験」のようなことをしたことがある。

ある社会問題に関する記事を47リポーターズで配信したところ、あまり読まれないことがあった。中身は非常に興味深く、しかも書き方も工夫したにもかかわらず、だ。

なぜか。理由は推測がついた。その数日前に起きた社会を揺るがす大事件に、人々の関心が向いていたからだ。プラットフォームやＳＮＳは、その事件に関する続報と、それらの記事に対するコメントであふれていた。アクセスランキングの上位もその事件の関連記事で占められている。それ以外のニュースは、ほとんど見向きもされていないように感じるほどの状況だった。もしその事件がなければ、あるいは事件に対する世間の「熱」が冷めれば、もっと読まれるのではないか。

そこで、約10日後、同じ記事を見出しだけ少し変えて配信してみた。すると、ＰＶ数は前回の配信より多くなった。前回配信した記事がまだインターネット上に存在しているにもかかわらず、約10日後に配信した記事だけが読まれている。コメント欄を読んでも、「10日前の記事と同じ」という反応はない。初めて読んだとしか思えないような感想や意見が綴られている。

この1回の「実験」だけで断定はできないが、少なくともPVはいつも一定とは言えない。PVは、その時々の読者の感情によって大きく変わるのではないかと想像できた。

上げるも下げるもプラットフォーム次第

PV至上主義が危険なもう一つの理由は、プラットフォームの作為によってPVが上がりも下がりもする点だ。典型的なのが「ヤフートピックス（ヤフトピ）」。Yahoo!ニュースのトップ画面に掲載される8本の記事を指す。Yahoo!によってピックアップされ、ここに掲載された記事はPVが増える。しかも、桁違いに。ヤフトピに入ると多くの人の目に触れるので、書き手としては嬉(うれ)しくもなる。私も自分が編集に携わった記事が入ると「トピ入りした」と思わず喜んでしまうが、その一方で、内心では「これは危うい」とも感じる。なぜなら、何をトピ入りさせるかはYahoo!側の一存で決められているから。記事を作る側が、Yahoo!に編集権を委ねているのに等しい。

言わずもがなではあるが、編集権は新聞やテレビといった大手メディアにとって非常に大切だ。他者からの影響や圧力を受けずに、それぞれの報道機関が独自の判断で自由に編集できることは、大きく言えば民主主義の根幹とも言える。その権利行使の代表的な例の一つに、日々のニュースの価値判断がある。各社は毎日、その日のニュースの中から重要と判断したものを、新聞なら1面に据え、テレビならニュース番組のトップで伝える。

共同通信も同じで、加盟新聞社にその日の配信予定記事のラインナップを伝える際、トップニュースの候補となる記事に◎印を付けている。このため、何がトップニュースかを決める社内の会議には政治部や経済部、社会部といった各部の責任者や編集部門の幹部が集まり、毎日活発に議論がされる。読者にまず何を伝えるべきか、社会的に何が大切かを真摯に考えた上で判断することは、報道機関の「肝」の部分でもあると言える。

それが、Yahoo!ニュースでは、報道機関各社の記事は平等に並び、その中から何をヤフトピに入れて目立たせるかは、Yahoo!側によって決められる。Yahoo!の編集方針は一般に明示されておらず、外から見ていてもよく分からないが、既存の報道機関とは明らかに違うと感じる。たとえば、私たちが編集していた47リポーターズの記事のうち、ヤフトピに入る記事には傾向がある。

トピ入りするパターンとして最も目立つのが「すでにバズっている記事」。47リポーターズのアクセスランキングの上位に入っている記事が、ヤフトピに入りやすいと感じている。

この種のすでに人気がある記事がヤフトピに入ると、PVはさらに爆発的に伸びる。多くの人の目に触れることになった結果、読者がXなどのSNSにも感想や意見を書き込み、トレンド入りすることもある。

ヤフトピに入っている時間の長さもPVに直結する。1時間程度でトピックス欄から落とされるケースもあれば、2日間残っているケースもある。目立つ場所であるだけに、ヤフトピに入っている時間の長さによってPVの多寡は大きく変わる。

もちろん、プラットフォームにはニュースの価値を独自に判断する自由があるが、Yahoo!のように一つのプラットフォームの影響力があまりに大きくなると、その結果としてメディアをPVで支配するような構図になる危うさをはらんでいる。というより、すでにそれに近い状況になりつつあるのではないか、とさえ思う。

書き方が変われば取材も変わる

話がやや脱線してしまったが、要はPV至上主義に陥らず、デジタルの読者に情報をより伝わりやすくするために、ストーリー形式の書き方を身につける必要がある、ということに尽きる。ストーリー形式の威力は、ここまで繰り返し述べてきたように、デジタルである程度長い文章を書く際に発揮される。

そして、もう一つ言いたいのは、ストーリー形式の記事を書こうとすることによって、たとえば記者であれば取材の仕方が、それ以外の書き手にとっては事前の準備がこれまでとは変わってくることだ。

なぜなら、説明的な記事よりも場面の描写をより具体的にする必要があり、それを実現するには、まず関係者からより詳細に話を聞き出さなければならなくなるからだ。詳細にするのは記者による描写だけではない。関係者がその時々に感じたことを、逐一詳細に思い出してもらうことも必要になる。記者でない人も、自分が書きたい内容をより詳細に調べる必要がある点は、記者と同じだ。

私が新聞記者になった際、上司から「30行の記事を書くのに100行分の取材をしろ」と口酸っぱく言われたことを思い出す。説明的な記事を書くだけでそうなのだから、ストーリーを書くためには300行、500行分の内容を聞き出す必要が出てくると考えたほうがいいかもしれない。

しかも、ただ詳しい話を聞き出せばいいわけではなく、記事にするには、その話の裏付けを取らなければならない。記者は、取材相手から話を聞くと、その真実性を確認するため、別の側面から情報の裏付けを取るべく奔走する。語られた言葉が真実であるとは限らないからだ。話をしてくれた人に嘘をつくつもりはなかったとしても、勘違いは往々にしてある。取材は、話を聞き出すのと同じかそれ以上に、「ウラを取る」ことが難しいケースも多い。

工夫しても文章はもう読まれない？

ここまで「ストーリー」の有効性を強調しておいてなんだが、この章の最後に言わなければならないのは、文章をストーリー形式にしたところで、もう誰も長文自体を読まなくなるのではないか、という一見矛盾するような懸念だ。

前述の通り、若い世代の活字離れは著しく進んでいる。その多くが文章を読まなく、あるいは読めなくなっている。第2章で紹介した通り、モニターに記事の感想を聞いていた時も、特に若い世代では「長い文章は読まない。読みたくない」という声が多かった。本を読む習慣が子どもの頃からない、という人も少なくない。読解力という以前に、文章自体に拒否感を持っているようにさえ感じる。

これが事実とすれば、問題は根深いと思う。情報をテキストで読んで把握する、という人自体が今後、減っていくのだ。書き方を工夫しても、そのテキスト自体に苦痛を感じる人々に、大切な情報をどう届ければいいのか。

ならば音声はどう?

記事を読まない・読めない人が今後も増え続けると想定し、その上でニュースをどう届ければいいのか。考えた末に、打開策になりうればと期待を込めて試みに始めたのが、音声配信だ。具体的には音声配信サービス「ポッドキャスト（Podcast）」でニュースに関連する内容を伝えていくこと。ニュースを読んでもらうのが難しくても、「聴く」ならどうなのかと考えた。耳を使うだけなので、移動や家事をしながらの「ながら聴き」ができる。ニュースを把握するだけならスキマ時間で十分足りる。「目」を使うことでほかのことができなくなる動画に比べ、利便性が高いと考えた。

ポッドキャストは、一言で言えばインターネットラジオ。音声広告代理店オトナルの説明によると、ＲＳＳフィードという仕組みを通じてインターネット上でサーバーに上げた音声ファイルを公開すると、Apple Podcast や Spotify、Amazon Music、YouTube といった、再生機能のあるさまざまなアプリやプラットフォームで聴くことができる。その配信の仕組みやアクセスのしやすさによって、アメリカでは爆発的に広がり、２０２１年１月時点で12歳以上の２・５人に１人が月に一度以上聴いている。

人気の高まりとともにアメリカでは広告も拡大し続けている。ネット広告業界団体「Interactive Advertising Bureau」が公表したポッドキャストの広告についての調査によると、２０２３年のアメリカのポッドキャスト広告収入は19億ドル（1ドル１５０円換算で２８５０億円）に上った。

一方で、日本ではまだ海外ほど認知度が高くない。オトナルと朝日新聞社が共同で行った利用実態調査（2024年3月公表）によると、国内のユーザーは、インターネットを利用する「インターネット人口」の15・7%だった。ただ、特徴的なのはユーザーが若いこと。10代（15歳〜19歳）が14・1%を占め、20代が24・7%、30代が18・1%となっており、30代までで過半数を占めている。

さらに職業を見ると、ポッドキャストのユーザーでない人に比べて、企業の決裁権者（経営者、役員、管理職）を含めた会社員、医師・弁護士などの資格業、学生が多いという結果になっている。聴いている番組のジャンルでは、複数回答で「ニュース」が39・9%、「コメディ／お笑い」が33・8%でほかより比率が高く「二大ジャンル」になっている。

調査結果から見えてくるユーザー層は、若い世代や、情報感度が高くニュースに興味がある層。さらに、高齢の読者が多い新聞社がアプローチしたくても、できていない層と言える。そうであれば、共同通信社のような報道機関が参画しない手はないとも思った。

社内の手続きを踏み、賛同してくれた同僚たちと一緒に2023年2月、「共同通信Podcast」を始めた。

最初に始めた番組「きくリポ」は、47リポーターズを書いた記者が、「聞き手」役の同僚記者に取材の経緯や裏話を語る、という内容である。正直に言えば、先行してポッドキャストを始めていた同業他社、とりわけ朝日新聞社の番組を参考にしている。独自に工夫したのは、47リポーターズと「きくリポ」の配信日を同じ日にし、記事と音声番組双方にお互いのURLを貼って両方に接してもらえるように連動させたことぐらいだ。

この原稿を執筆している2024年12月時点で、スタートから1年10カ月が経過した。音声の素人集団が、記者やデスクといった本業の傍らで続けたため、必ずしも思い描いたようにトライできたわけではないが、それでも、やってみて初めて分かったことがいくつかある。

「共感」は音声でも

まず、デジタルで配信した記事と音声では、好まれる内容が必ずしも一致しないことだ。プラットフォームで100万PVを超えた記事でも、その裏話を収録したポッドキャスト番組があまり聴かれていないことが頻繁にある。

一方でその反対もあり、ＰＶ数が少なかった記事でも、その内容を取材した記者が語るポッドキャストはたくさんダウンロードされている、つまり多くの人に聴かれていることもよくあった。

驚いた点もある。デジタル記事を読んだ後、記事に付いているＵＲＬを頼りにポッドキャストを聴きに来る人は一定数いる一方で、音声番組を聴いた後、番組の概要欄に付けたＵＲＬから記事に来る人はごく少数、というよりほとんどいなかったことだ。

テキスト→音はあっても、音→テキストがないという一方通行が何を意味するのかは、現時点では分からない。ただ、文章を読むことに苦痛を感じている人が音声に流れている可能性はやはり否定できないと感じた。前述の実態調査のように、ポッドキャストが特に若い世代に好まれるツールでもあることを考えると、ニュースの取得方法は、将来的には「読む」より「聴く」が中心になるのかもしれない。

やってみて気付いた3点目は、継続することの大切さだ。リスナーの感想を取り入れて、番組を改善しながら地道に続けていけば、聴いてくれる人は増えていく。共同通信Podcast のフォロワー数は、右肩上がりで増え続けている。ただ、それでも現状ではまだまだ、新聞購読者に比べると桁違いに少なく、圧倒的な差がある。

気付いたのはそれだけではない。リスナーに受けやすい番組は、内容が「共感」できる中身になっている点だ。音声でも共感性の重要さがはっきりしている。

続けていくうちに共同通信 Podcast の知名度も次第に上がり始め、企業広告も少しずつ付くようになった。ただ、金額はまだまだ低く、とても収益と胸を張れる状態にはなっていない。ポッドキャストのユーザー自体が日本でも増えているのは実感としてあるが、今後、アメリカほどのユーザー規模になり、日常的に利用されるようになるのかどうかは、まだ現時点では見通せない。

音声が今後、どこまで広がるかは未知数であり、文章を読まない若い世代がどの程度入ってくるかもまだ見通せない。紙に取って代わるのは、あるいは動画になるのかもしれない。

ただ、それでもストーリー形式の文章の必要性は変わらないと思う。なぜなら、ポッドキャストもやはり「共感」できる内容であるほど聴かれているように、デジタル全般で「共感」がキーワードになっていると思われるから。あるいは音声で伝えるにしろ、動画で伝えるにしろ、その台本・脚本の原本となるのは文章だから、とも言える。「共感」が求められるトレンドは、今後も変わらないだろう。

第5章　メディア離れが進むと社会はどうなる？

新規の読者が増えない文体

デジタル向けの文章の書き方を模索し続け、読者にストレスを与えないことの大切さに気付いた時、こんな疑問を持った。

「新聞はこれまで、読者のことを考えてきたのだろうか」

読者が記事にストレスを抱えているのに、通信社を含め、新聞を制作する側はそれに気付かず、やり過ごしてきたのではないかと疑うようになった。昔はどうだったか分からないが、少なくとも現代の読者の中には、長文が嫌いどころか、文章読解自体に苦手意識を感じている人々がいる。そうした人々も読者の一部と想定した上で、記事を作ってきたとは言えないと思う。もし想定していたら、あるいは新たな読者になってもらおうと考えていたなら、画一的な書き方に縛られず、もっと幅を持たせようとしたはずだ。

本書で繰り返し述べてきたように、新聞記事は「限りある紙面にできるだけ多くの有用な情報を詰め込む」書き方をしている。長年にわたって積み重ねられてきた優れた技法であると思う。

しかし、その書き方は読者に本当に受け入れられていたのだろうか。「逆三角形スタイルは素晴らしい」と独り合点し、読者によっては「分かりにくい」と感じていることに目を向けてこなかったのではないだろうか。

ここからは、新聞を制作する現場の中にいてモヤモヤと抱えてきたさまざまな疑問点をはき出していきたい。

新聞記事の文体は、言い切ってしまえばかなり特殊だと思う。第1章や第2章で指摘したように、さまざまな「決まり事」がある。省略や新聞特有の表現を多用するだけではない。大切な内容や新しい「ニュース」をできるだけ前に持ってくる書き方のため、それ以外の内容、過去に起きたことは、後ろに回さざるを得ない。すると記事は必然的に「過去

↓現在↓未来」ではなく、「現在↓過去↓未来」と時制を一部さかのぼる形になる。一つの問題を最初から説き起こすような、読者の頭に自然に入るような形になっていない。ある程度大きなニュースになれば、続報に次ぐ続報を書き続けるスタイルになり、常にその日起きた新しいことを一番前に持ってくる。すると、前日に起きたこと、さらにそれ以前に起きた過去の出来事は、その分だけ後ろに回ったり、まとめられたり、省略されたりする。結果として、読者がそのニュースの全体像を見失いがちになることもままある。

このスタイルに昔から慣れている読者、新聞を長年購読している読者ならそれでも不都合を感じないかもしれないが、初めて読む人、久しぶりに読もうと思った人にとって、新聞記事はあまりにとっつきにくい形になっていないだろうか。

目立つ「コピペ」、多用される比喩

新聞を制作する側が努力を怠り、なかば惰性のように逆三角形スタイルを踏襲しているように感じることも多い。典型的なのは「決まり物」と呼ばれる記事で多用されがちなコピー&ペースト、「コピペ」だ。

たとえば年に1回のお祭りや行事の記事。1年前の記事と読み比べると、表現がほぼ同じ部分が目立つ。記者が明らかに前年の記事をコピペしている。そう思わざるを得ないぐらい似すぎている記事が散見される。これは新聞に限らず、テレビニュースでもよくある。たとえば、以前に赴任したある地域では、釣りが解禁になる「川開き」に関するニュースにこんな表現があった。

「この日を待ちに待った『太公望（たいこうぼう）』たちが、さっそく釣り糸を垂らして～」

太公望とは古代中国の人。ある王に軍師として招かれるまで来る日も来る日も、大河の岸辺で釣り糸を垂らしていたことから、釣り好きの人を「太公望」と呼ぶようになった。

つまり、この記事の表現は故事にちなんだ比喩の一種ということになる。当時、テレビを見ながら「今時のニュースで、こんな古い表現を使うんだな」と印象に残った。ところが、この表現が翌年、翌々年の川開きのニュースでも使われていたのだ。読み上げられるニュースのほかの部分の言い回しも、前年とほぼ同じ。わずかに違うのはニュースの末尾で出てくる参加者の発言ぐらい。明らかにコピペした原稿を使っている。しかもこの放送局の担当記者が若かったことを考えると、太公望の言い回しを始めたのは彼ではなく、前任者、あるいは前々任者、またははるか昔の担当記者かもしれない。この放送局では一体、何十年前から同じ原稿を使い回しているのだろう。

新聞では、コピペは「災害から○周年」といった記事で特に目立つ。毎年その日になると「街は祈りに包まれた」というような表現が出がちだ。災害関連の記事でも、使いすぎて手垢にまみれた言い回しが多い。たとえば、災害からの復興を目指して奮闘する人を取り上げる記事では、文末にこんな言い回しが乱発される。

「『復興するまで諦めない』。Aさんはそう言って前を向いた」

災害が起きると、その被災の教訓を忘れないために各新聞社は、災害発生から○周年など節目の日に力を入れて記事を掲載する。その社会的な意義は分かるが、この種の記事には「前を向いた」という表現があまりに多すぎると個人的に感じている。

記者やデスクが思考停止に陥り、似たような言い回しの記事を量産している印象が否めない。近年は地震や豪雨といった自然災害が多いため、同様の記事が頻繁にあり、そのたびに「前を向いた」という言い回しが使われる。

こうした記事を目にするたびに、読者ファーストではないのだなと感じてしまう。毎回同じような書き方の記事を読まされる読者のことをどう思っているのだろう。その「やっつけ仕事」ぶりに読者は鼻白んでいないだろうか。その点に、制作する側があまりに無頓着な気がする。

災害関連の記事だけでない。新聞に載るあらゆる分野の記事で同じようなことが言える。たとえば事件記事では「〜を視野に」という表現だ。ある事件の捜査状況を伝える記事では、こんな感じで使われている。

「警察は、殺人容疑を視野に捜査している」

この表現を見るたびに、「分かったようで分からない」という感覚になる。そう感じてしまうのは、「視野」という比喩のような表現を使っているからだ。今後の捜査の進み具合によっては、殺人容疑が適用される可能性があると言いたいのだろうか。それならそう書けばいいのに、と思う。一方で、自分も取材記者だった経験から、こういう言い回しにするしかない事情があるのかもしれないと想像もできる。

たとえば警察幹部などの取材対象者とのやりとりの中で、ギリギリの交渉があったのかもしれない。そうした交渉の末に、どこかの時点でひねり出された表現なのだろうとも思う。ただ、便利な表現だと記者やデスクが思ったのだろうか、現在では、さまざまな事件であまりに安易に使われている。

比喩は、確かに読者にとって分かりやすく、しかも端的に伝えられる意味で便利だが、使いすぎると良くないと記者人生の初期から教えられてきた。新聞はファクト、つまり事実を報じるのが原則であり、「たとえ」に逃げると、伝えるべきことが正確に伝わらなくなる恐れが常にある、と。

比喩は政治関連の記事でも目立つ。その理由は、取材対象者である政治家が比喩を多用するからだろう。一例を挙げれば「骨太の方針」だろうか。

この言葉にはこんな正式名称がある。「経済財政運営と改革の基本方針」。政権の重要課題や予算編成の方向性を示す方針のことで、首相が主導して毎年6月頃に策定されている。この方針一つを説明するだけで、ここまで紙幅を割いて説明しなければならなくなる。そのせいか、政治家もメディアも「骨太」という比喩の表現をし続けている。

「頭の体操」という比喩も政治分野で頻出する。ある物事について記者から対応を問われた政治家が「それも含めてどうすべきか、『頭の体操』をしておきたい」と言ったとして、それがカギカッコ付きで記事にそのまま掲載されることがある。言わんとしていることは分かるような気もするが、突き詰めて考えていくと、いまひとつ分からない。読者の一人として、この種の比喩表現を読むたびにモヤモヤした思いを抱いてしまう。

裁判員制度スタート前夜の記憶

ここまで、新聞記事に対する批判ばかり書いている気もするが、自分も所属するこの業界に文句が言いたいのでは決してない。投げかけたいのは、現在の新聞記事が、読者ファーストに立っていないのではないかという疑問だ。

私がこう考え始めるようになったきっかけは、2008年の経験にある。当時は裁判員制度開始を翌年に控え、事件事故や裁判に関する新聞記事に変革が求められていた。司法関係者の間に、記事の書き方に対するある「危惧」があったためだ。

その危惧は、要約すると次の通り。

「事件の被告を裁くことになった裁判員が、有罪・無罪や量刑を判断する際、それまでに読んだ新聞記事によって予断を持ってしまう恐れがあるのではないか」

刑事裁判は、裁判所に提出された証拠のみによって判断されなければならない。言い換えれば、証拠と関係のない事件報道によって裁判員の判断が左右され、判決に影響してはならない。

この時、変革を求められた新聞社・テレビ局側は、結論から言えば、裁判員制度開始後も事件報道の「方針」自体は変えなかった。その一方で、書き方については「留意すべき点」を示し、それが各社内で徹底された。

留意点は大まかに言えば二つあり、一つは「出所の明示」。つまり書かれている記述のニュースソースを記事中にある程度示すこと。もう一つは「主張が一方的にならない工夫」。捜査機関の言い分に偏らず、被告側・弁護側の意見もできるだけ書き込むことだ。

この変革の過程で、事件記事が実際、読者にどう読まれているか、記事の内容が正確に読み取られているかどうかを調べることが必要になり、当時社会部の記者だった私も担当デスクの下で調査を手伝うことになった。

それは、具体的にはある大手企業の会社員十数人に参加してもらい、用意した事件記事を読んでもらって意見や感想を聞き取るという内容だった。

調査の場に同席して驚いたのだが、参加者は予想以上に記事を誤読していた。たとえば、警察の捜査で新事実が分かった時、当時は「調べによると～」という書き方が一般的だったが、まずこの点から誤読されていた。調査を担当するデスクが、「この『調べによると』は誰の調べか分かりますか？」と尋ねると、参加者の一人は即答した。

「え、それは記者の調べですよね」

驚きのあまり、思わず「えっ」と声が出てしまった。正解は「警察の調べ」だ。

それまでの会話で、この時の参加者はみなまじめな社会人で、かつ一定のリテラシーを備えた人たちであることは分かっていた。そんな人々に対しても記事の真意がきちんと伝わっていない。

その理由は明白だ。「警察の調べによると」とすべきところを、「警察の」を省略して「調べによると」としているから。要は分かりにくいということになる。

誤読はこれだけではない。容疑者の供述内容が警察から漏れ聞こえてきた場合、記事では「あくまで警察がそう言っているだけで、それが正確な事実かどうかは現時点では分からない」という意味を込め「警察によると、容疑者は◯◯と話している」と書くが、参加者の多くがこの点を「事実である」という前提に立って会話をしていた。

ほかにもさまざまな点で記事の真意が通じておらず、私は「こんなに誤解されるものなのか」とショックを受けた。担当したデスクも同じ気持ちでは、と思って彼の顔を見ると、平然としている。帰路で聞いたところ、これまで調査した複数の企業でも誤読が多かったとのこと。このデスクが当時、つぶやいた言葉が忘れられない。

「今のままの書き方では、新聞は駄目だということだ」

こうした調査結果も反映され、事件記事の書き方は裁判員制度開始直前に前述の2点だけ変更された。読者のみなさんにはたいした違いではないと感じるかもしれないが、編集現場の記者・デスクからの反発や戸惑いは相当なものだった。その反応は、共同通信社に限らず、他の新聞各社でも同様だったという。

この変革は日本新聞協会として決めたため、反発はありつつも各社で徹底されることになった。しかし、裁判員制度開始から数年もすると、一部のテレビ局や新聞社では書き方が元に戻り始め、現在ではこうした「揺り戻し」のような状況が広がってきていると感じる。長年染みついた書き方を変えることはこれほど難しいのか、しかも読者にとって分かりにくい表現になっているにもかかわらず、と強く疑問に思った。

オールドメディアはオールドのためのメディア？

ところで、新聞の発行部数は年々減少を続けている。日本新聞協会によると、2023年10月時点の新聞発行部数は2859万486部、2003年10月時点では5287万4959部だった。20年間でほぼ半減していることになる。前年の2022年（3084万6631部）と比べても、わずか1年で200万部以上減らしており、このペースで減少し続ければ、「紙」としての新聞は遠からずなくなる計算になる。

新聞を購読しない理由を尋ねた調査結果もある。新聞通信調査会の2023年のメディアに関する全国世論調査によると、月ぎめで購読しない人の77・6％が「テレビやインターネットなど他の情報で十分だから」と回答。次いで「新聞の購読料は高いから」が38・3％だった。

この全国世論調査には、ほかにも興味深いデータがあり、見ていくと社会が新聞をどう捉えているかがよく分かる。まず、情報の信頼度をメディア別に見ると、最も高いのがN

HKテレビ。僅差の2位で新聞が続き、その後は民放テレビ、ラジオ、インターネット、雑誌の順になっており、新聞の情報が一定の信頼を得ていることが分かる。

一方で、各メディアの印象については、新聞は次の項目で軒並み民放テレビ、インターネット、NHKテレビを下回る4位となっている。それは「情報が面白い・楽しい」「情報が分かりやすい」「社会的影響力がある」「手軽に見聞きできる」「情報源として欠かせない」「情報が役に立つ」の6項目だ。

頼みの綱とも言える「情報の信頼性」も、年代別に見ると必ずしもほかのメディアより優位とは言えない。なぜなら、「(新聞は)情報が信頼できる」と答えた人が60%を超えたのは60代、70代以上だけで、50代以下では30%~40%台。しかも、若くなるほど低下する傾向がある。

新聞の購読者の割合も同様で、70代以上は82・7%が購読しているが、年代が低くなるほど低く、50代は56・7%とかろうじて過半数、40代は39・4%、30代以下は30%台前半になっている。

新聞の満足度を尋ねた質問もある。新聞全般について「満足している」(11・7%)、「やや満足である」（29・0％）を合わせた「満足層」は40・7％と過半数を割っており、しかもこの項目は年々右肩下がりで低下している。2010年時点では62・8％が満足層だった。この満足度も、年代が低くなればなるほど低くなっている。

この全国調査結果から読み取れるのは、新聞がもはや高年齢層にしか相手にされていないということだ。情報の信頼性も、情報源としても60代以上にしか通用していない。

サブスクは月にわずか数百円、新聞は？

一般的に、情報取得の手段は若い頃になじんだものからあまり変わらないと言われる。高年齢層が新聞を今も購読しているのは、若い頃から情報源として身近にあったからだろう。

一方で、中年層は新聞よりテレビになじんできた世代と言えそうだ。若年層はテレビよりインターネットになじんでいる。この世代は、ニュースはお金を出して買うものではなく、常に無料で手に入るものだと思っているフシがある。1カ月に1000円超～数千円する新聞を購読することは、こうした人々にとってはもはや現実的ではない。自由に使えるお金が月に1000円あるのなら、サブスクに使うほうがいいと考えることは容易に想像できる。膨大な動画コンテンツやさまざまなサービスを持つにもかかわらず、月に数百円で済む。新聞もサブスクと考えれば、若年層がどちらに魅力を感じるかは明白だ。新聞が提供するものに魅力を感じられないから買ってもらえない。言ってしまえばごく当たり前のそんな結論にたどり着く。

新聞衰退の本当の原因は……

新聞がこれほどの勢いで発行部数を減らし続けている原因は、何から来ているのだろうか。各種の調査によると、その要因はスマートフォンやSNSの普及とされているが、本当にそれだけだろうか。私が業界の中に居続けて感じている点は、少し違う。

簡単に言うと、新聞を制作する私たちが、読者の変化についていけていなかったことなのではないかと思っている。この章で述べてきた通り、一つ一つの記事がどう読まれているか、読者の立場に立って十分に考えてきたとは思えない。表現が分かりにくい形式になっているかどうかを探らず、「自分たちが分かるから読者も分かるはず」と決め付けてきたのではないか。

新聞社には、記事に対する読者からの感想が恒常的に寄せられている、と反論されるかもしれない。しかし、そうした感想の多くは新聞を読み慣れた上で記事の内容についてコメントしているものであって、文章のスタイルが読みにくいといった感想はあったとしても少数だろう。読みながらストレスを感じ、よく理解できないと思った読者は、わざわざ感想を寄せず、単に購読をやめて新聞と縁を切ると考えるほうが自然だ。読者のストレスに新聞社側があまりに無頓着だった点も、部数減少の一因なのではないだろうか。

二次情報があふれる世界の恐ろしさ

新聞は今、存亡の瀬戸際に立っている。テレビもインターネットに押され、経営は楽ではない。しかし、新聞やテレビ報道がなくなったら、社会はどうなるのかを想像していただきたい。かなり怖い状況になると私は考える。それを防ぐためには、良質な報道が欠かせないことを感じていただきたい。

Yahoo! ニュースや SmartNews といったプラットフォームに並ぶ記事を見ていると、

さまざまな発信元があることが分かる。大手新聞社やテレビ局などの大手メディア、デジタル記事を専門に出しているメディアもあれば、聞いたことのない名称の発信元も多い。中には、私たち共同通信の記者が主に担当している「47NEWS」のように、メディアが別のブランド名で出している場合もある。発信元は多種多様でかつ複雑でもあり、ややこしいとさえ感じる。

書かれている記事の中身を見ていると「一次情報」がまったくない記事も多い。それが目立つのは、あまり聞いたことのない発信元が出している記事だ。

一次情報とは、その発信元が直接取材をして得た情報を指す。新聞やテレビといった既存のメディアが、さまざまな批判を受けながらも一定の信頼を得ているのは、自社の記者が取材した一次情報を核として記事を作っているからだ。

これがないということは、取材をせずに書いた記事、あるいは別の誰かが取材した内容を引用して、つまり二次情報で書いた記事という意味になる。二次情報だけで書かれたこうした記事は、俗に「こたつ記事」とも呼ばれる。この言葉は、筆者がどこにも行かず、こたつに入ったままで作った記事というところから来ているという。

こたつ記事の典型的な例が、テレビのバラエティ番組でタレントが発言した内容を切り出し、その発言がＳＮＳで話題になっていることを書いたもの。記事中には、ＳＮＳ上のコメントまで拝借してきている。あまりの中身のなさにあきれてしまうことも多いが、プラットフォームのランキングを見ていると、驚くほどよく読まれている。

こうした記事は、テレビとＳＮＳを眺めていれば手軽に作ることができる。それでＰＶを稼ぐこともできる。どんな対象であれ、取材して記事を作るには手間も時間もカネもかかるが、それを省くことができてＰＶも稼げるならこんなありがたいことはない。だからこそ、ネットメディアだけでなく、既存の大手メディアの一部も手を染めているのだろう。

対象がテレビのバラエティ番組ならまだいい。これが政治や経済、社会に影響を与える、ある程度硬派な内容で、それが二次情報だけで作られた記事だったとしたら、問題は変わってくる。新聞やテレビといった既存のメディアがこのまま衰退して存在しなくなれば、ネットのプラットフォーム上に並ぶ記事の多くは、二次情報のものだらけということになるからだ。あるいは、一次情報がなくなることで、二次情報かどうかすら定かでない、どこで誰が言ったかあやふやな内容の記事があふれることになる。

これの何が問題なのか、もう少し詳しく説明したい。

取材で得た一次情報の中には、真実でないものもある。このため報道機関はその一次情報が真実であることを裏付ける情報を最大限探し、クロスチェック（二つ以上の資料や方法を用いてチェックすること）をした上で記事を出している。結果として真実でなかった記事が含まれることもあるが、共同通信として配信したという記録は残るため、その場合、読者は「あの記事に書かれていることは間違いだった」と判断することができる。一次情報の重要な点は、後で検証できる、トレースが可能なところにもある（こうした場合、報道機関はなぜ間違ったのかを検証した記事を出すため、読者はどの情報源から虚偽の情報を得ていたのかも知ることができる）。

ところが、二次情報だけでできている記事は、要は「又聞き」のため、ニュースソースが不明確で、何が真実で何が虚偽なのかがはっきりしない。その結果、書かれていることの何を信じていいのかが分からなくなる。

インターネット上のプラットフォームに並ぶ記事を日頃見ている私の印象にすぎないが、一次情報から成る記事は、今も大半が新聞やテレビ、雑誌といった既存のメディアが提供している。一方で、ブログやSNSなどインターネット上で政治や経済、社会を論じているネットサロンの著名人やインフルエンサーが配信している内容の出所は、既存のメディアが作った記事を元にした二次情報ということが多く、自分で取材した内容がどの程度入っているかははっきりしない。

インターネットの発達により、誰もが情報発信できる世界になったことの利点は確かに大きい。それ以前は、発信を担うことができたのは既存のメディアだけだった。その状況が変わったことによって、世界中のあらゆる情報をスマートフォンという手のひらの上のツールで見聞きすることが可能になった。ただし、その結果、あらゆる情報において、それが真実なのかフェイクなのか分からなくなる恐れが以前より格段に大きくなった。フェイクを防ぐ、あるいはフェイクであることを確認するには、一次情報によって発信し続けるメディアの存在が欠かせない。

こう言うと、中には「大手メディアや新聞がなくなっても、フリージャーナリストがやればいいいじゃないか」と考える人がいるかもしれない。組織に属さず、自分の力で情報発信を続けるフリージャーナリストの存在意義は確かに大きい。しかし、個々のジャーナリストはそれぞれ得意分野が違っており、世界のさまざまな情報を網羅的に、一定の信用性を持たせて報じることには限界がある。ジャーナリストも玉石混淆（こんこう）であり、ジャンルごとに誰が信用できるかを読者が一人一人識別していくことは現実的とは言えない。

あるいはフリージャーナリストが連合体のような形を取ったとしたらどうだろうか。それでも難しいと言える。その理由は、ジャーナリスト個々人が、自分が不得手な分野の取材に取り組むほかのジャーナリストの記事に、責任を持てるわけではないから。反対に考えて、責任を持てるほどの連合体として情報を精査することができるのであれば、それは組織ジャーナリズムであり、既存のメディアとなんら変わらないことになる。

陰謀論、社会の断絶……

大手メディアは現在、一部で「マスゴミ」と呼ばれている。私も居酒屋などで初対面の相手から面と向かって言われたことがある。毛嫌いする理由はさまざまあるのだろうが、もし大手メディアがなくなると、人々が生活していく上で必要な適切な一次情報がなくなり、真偽定かでない二次情報だらけの世界になってしまう。

そうなると、一体どうなるのだろう。結論から言えば、自由や民主主義とは相いれない社会になる。

その理由の一例として、陰謀論が分かりやすい。たとえば、「エリート層が『ディープステート（闇の政府）』をつくり、秘密裏に権力を握って米国を操っている」「能登半島地震は自然災害ではなく、地震兵器による『人工地震』だった」といった荒唐無稽な話だ。

多くの人々にとって、これらが真実ではないことは簡単に分かる。では、なぜ真実ではないと言えるのだろうか。その根拠は、と問われたらどうだろう。

その根拠は確かにある。たとえば、専門家や公的機関が明確な説得力を持った説明によって否定しているからだ。その説明を人々が直接聞いたわけではなくても、何らかの大手メディアを経由して聞き知っている。ここで、大手メディアが存在しなければ、「専門家」が本物の専門家かどうかも確認のしようがない。しかし、メディアの記者がその分野の第一人者を、学会への取材や他の専門家からの紹介、先輩記者らの取材の蓄積などをもとに選んで直接取材しているからこそ、まぎれもない専門家と言い切ることができるのだ。

繰り返しになるが、陰謀論を陰謀論にすぎないと人々が明確に否定できるのは、間にメディアが介在しているからであり、そうでなければ、それが事実なのかどうか、確かなのかどうかという「確からしさ」を把握することができなくなる。

　何が真実か分からない状況に置かれている典型的な実例が、ウクライナに軍事侵攻した現在のロシアに住む人々だろう。私が直接取材したわけではないが、共同通信のこれまでの取材結果を総合すると、ロシアではこんな状況になっている。

「ロシア当局は、政権に都合の悪い報道を『偽情報』とみなし、広めた者に懲役刑を科す法律を整備し、リベラル系ラジオや独立系メディアは解散や停止に追い込まれた。国営テレビは愛国心や米欧への敵対心をあおり、露骨な世論誘導を続ける」（2022年5月2日配信）

「テレビ、新聞など有力メディアの経営権を政権寄りの財閥や富豪に握らせ忠実な編集長を任命したり、政権に反抗的な報道機関を弾圧したりして、国内メディアを完全支配下に置いた。政権の息のかかった編集長に反発した記者たちは編集部を去り、新たにネットメディアを立ち上げたが影響力は限られていた。

　メディアの自由度を見守る非政府組織（NGO）によると、22年2月のウクライナ侵攻以降、プーチン政権は200以上の独立系メディアを弾圧し、サイトを閉鎖した。ロシアの主要テレビ局は、朝から晩までウクライナ侵攻を巡り政権のプロパガンダを垂れ流している。ロシア軍の残虐行為や政権批判が報じられることは一切ない」（2023年10月18日配信）

こうした状況下で、プーチン氏は高い支持率を誇っている。ロシアの人々は何が真実なのか分からなくなり、その結果、自分が信じたいものだけを信じるようになっているのではないか。時の権力からつけ込まれやすくなっているのは、信頼できる一次情報に、ロシアの人々が簡単にアクセスできないからだ。

アメリカでドナルド・トランプ氏を熱狂的に支持する「MAGA（マガ）」と呼ばれる人々も、似たような状況と言えるかもしれない。共同通信が配信した2024年3月6日の記事のうち、関連する部分を要約すると次の通りになる。

「トランプ氏はこれまで自身への批判には一切耳を貸さず、否定的に報じるメディアは『フェイク（偽）ニュース』と非難。敗北した20年の前回大統領選は不正だったと根拠のない陰謀論も唱え、議会襲撃で起訴されたことは『魔女狩り』だと反発した」

MAGAもトランプ氏が唱える陰謀論を信じている。

アメリカには当然、一次情報を報じ続けるメディアも多く存在する。たとえばCNNはトランプ氏の発言が事実かどうかを検証して報じる「ファクトチェック」を続け、発言が多く虚偽であることを確認している。問題は、MAGAがそうした報道を信じようとせず、見向きもしないどころか反対に、こうした報道を「フェイク」と根拠もなく言い続けるトランプ氏の言葉を信じ続けることだろう。

アメリカの状況からも、民主主義が危うい様子が読み取れる。

ジャーナリズムが生き残る必要性

結局、二次情報だらけの社会にしないためには、新聞をはじめとする組織ジャーナリズムが生き残る必要があると私は考える。ただ「紙」を発行し、それを販売するビジネスモデルは、読者離れによって確実に崩れてきている。今後、大手メディアがデジタル展開に成功するのか、あるいはまったく別の事業、たとえば不動産業などを収益源とする形になるのかは私には分からない。それでも、前述した通り、一次情報を届け続ける民間のメディアが、社会にとって必要であることは変わらない。近い将来「紙」がなくなれば、デジタルで一次情報を届けることが主流になると考えるのが自然だろう。

本書で私が追い求めたのは、記事をデジタル向けに出すに際して、どうすればもっと読まれるようになるのか、だった。書き方をストーリー形式に変えて多くの人に読まれやすくなったとしても、困難な経営環境を打開できるものではない。それでも、より読まれることで、新聞メディアの記事の良質さを、そこから離れた人々に再認識してもらう一助にはなり得ると考えている。

加えて、あえて言えばデジタル記事にはまだ可能性がある。47リポーターズで配信されたストーリー形式の記事に、プラットフォーム上のコメント欄やＳＮＳで寄せられたさまざまな意見や感想から、その可能性が読み取れる。「確実に読者に届いている」と実感するのだ。

中には明らかにアンチ・メディア的なコメントをする人もいる。その多くは、配信元である共同通信を、否定どころか罵倒している。その一方で、批判的な意見の中にも「偏向マスコミは嫌いだが、この記事は読めた」という趣旨のコメントがあったり、共同通信を批判しながらも長文の記事を最後まで読んでくれたことが読み取れるコメントもかなりある。

ストーリー形式の記事を書き続けていくことができれば、既存メディアが嫌いな人も、「マスゴミ」と思っている人も、今後いつか読者になってくれるかもしれない。

誤解がないように付け加えれば、決して新聞記事が不要だと言っているわけではない。社会にあふれる多くの情報のうち、「これだけ押さえておけばＯＫ」と言えるニュースの数々をごく短時間で取得するには、新聞が最適だと今でも思う。

ただ強調したいのは、新聞記事とネット向けの記事は、文字情報という点で同じであるにもかかわらず、別物ということだ。その違いを端的に言えば、「目的」である。本書で何度も繰り返してきたが、ネット記事では、新聞が担ってきた「知識」や「教訓」とはまったく異なる「共感」が求められている。

感情の世界でメディアはどうする？

本書の最後に伝えたいのは、デジタル向けの書き方を突き詰め、一定の結果が出た段階で感じた、ある種の「恐怖」だ。

デジタルが「感情の世界」であることは前述した。共感できる記事ほどPVが伸びる。だから、できるだけたくさんの人に読んでもらうために、見出しを付ける際は、どうすれば読者の感情を動かせるかを練り、本文では共感しやすいように、感情移入しやすいように主人公を明確にし、ストーリー仕立てにして追体験しやすいようにする。

共感性が求められるのは記事だけでなく、音声でも共通していた。そしてデジタル向けのコンテンツは出し続けるうちに、「こういう感じでやればいい」というコツのようなものがある程度分かってきた。そのエッセンスは第3章などで説明した通りだ。

このコツは社内でも説明していて、それを吸収し、さらに発展させる同僚も増えてきた。ほかの新聞社のデジタル記事を見ていても、「同じことを考えて書いている」と感じるケースが増えている。

ただ、そうして多数のメディアが共感を最優先にして突き進んでいくと、ちょっと怖いことになる気もしてくる。新聞を中心とする多くのメディアが、記事を読んでもらうために、人々の感情を刺激する方向に進むことにつながっていくからだ。

繰り返し述べてきたように、新聞はもともと知識や教訓を抑制的に伝えてきた。論理性を重視し、意見が分かれる話題には両論を併記するなど、多角的な視点を提供するように努めてきた。読者から長く信頼を得てきたのも、全体的にはこうした原則を外さなかったからだと思う。

問題は、それがデジタルでは受けず、目立たないまま膨大な言説があふれるインターネットの片隅に追いやられていく点である。その打開策として、感情を刺激する書き方に邁進すると、記事の種類によっては、読者の感情をあおってしまってもおかしくない。

市民が感情をあおられ、冷静さを失った社会の危険性については、歴史を振り返るまでもない。戦争においてだけでなく、およそ何かと争っている集団の一人一人は、「自分たちこそ正義」と何らかの情報をもとに感情を動かされて行動している。

そしてメディアがその原因になり得ると思えるからこそ「恐怖」と表現した。実際に、さまざまな社会課題、とりわけ被害者と加害者が登場するような記事をストーリー形式で配信すると、その記事に触発されたせいか、SNS上では加害者側に対するすさまじい敵意に満ちたコメントを目にすることがある。それがさまざまなコメントのごく一部に収まっているうちはまだいいが、そのように異常な敵意を持つ人がもし読者の大多数になったら、と想像するだけで苦しくなる。

だからといってデジタルで好まれる書き方を捨て、もとの新聞スタイルに戻せばいいとは思えない。誰からも注目されなくなることが目に見えているからだ。記者が取材で得た貴重な情報を届けようとしても、書き方のせいで届かないのは、大げさに言えば社会的損失とさえ思える。

結局、メディアには、デジタルの世界の特性と恐ろしさを認識しながら、両方の書き方を慎重に使い分けていくことが求められていると言えそうだ。メディアは、どこまで自制できるだろうか。

おわりに

私がまだ社会部の記者だった2012年、念願だった著書を幸運にも出版することができた。その後、書評がいくつかの紙媒体やネットに掲載されたが、その中にこんな評というか、感想があった。

「(年齢の割に) 書き方がものすごく年上な感じを受ける」

出版当時は40歳だったが、この評者は、私が書いた文章を読み進める途中まで、定年退職した元記者だと思っていた、とも書いていた。

要は文章がじじくさい、ということか。そんな評価は初めてだったのですごく驚いたが、自分の本を改めて読み返してみた時、随所にある表現のかたさを再認識して納得してしまった。確かに年寄りじみた書き方かもしれない。

この文体が新聞記事を書いてきたせいで培われたものなのか、それとも私個人がもともとと持っている癖によるものなのか、あるいは両方合わさってできたものなのかは分からない。ただ、何とか柔らかく、年相応の表現にならないだろうかというのが、それからの私のひそかな命題になった。

その後も月刊誌など、社外でいくつか文章を書く機会をいただいたが、やはり納得がいく書き方にならなかった。たとえば、２０２０～21年に「集英社新書プラス」というウェブサイトで書いた連載記事「座間９人殺害事件裁判」は、同僚の記者３人とデスクだった私の４人で担当したが、これも文章がかたく、分かりにくいと思いながら編集していた。今読み返しても「ここはもっとこう変えるべきだった」という部分が随所に出てくる。というか、全体的に書き換えたいとすら思ってしまう。

共同通信の47リポーターズについても、デスクになる前に数本、自分で取材した成果を記事にしてみたことがある。当時はそれなりに柔らかく書けたと自信を持っていたが、今読むと、やはり欠陥がいろいろ目についてしまう。

文章をうまく書く、というのは本当に難しいと実感する。この職業を30年近く続けていても、いまだに思うように操ることができない。修業はまだまだ続く。

本書では、新聞業界に長年どっぷり浸かってきた私が、デジタルで記事がまったく通用しなかったショックからスタートし、新聞記事の書き方を見つめ直し、試行錯誤の末に一定のデジタル向け記事の書き方を説明できるようになるまでを詳述した。通用しなかったのは、読者の変化のせいだけでなく、「感情」による支配というデジタル世界の特性があったためだったことにも触れ、新聞という大手メディアの現状という大それたことにまで論を広げてしまった。

読者の変化について言えば、文章を読むこと自体に苦痛を感じる人々が増えた中では、書き方を工夫してもどうしようもないのではないか、とも思った。ただ、何が文章の代替手段になるかは現時点では不透明なままだ。

その答えは動画なのだろうか、とも考えた。広い意味でテレビニュースも含めると、動画が全盛のようにも見えるが、ニュースを伝える手段としての動画には、個人的に疑問も感じる。動画の見られ方自体も近年、急激に変化しているからだ。

テレビを見る層も、新聞読者ほどではないにしろ高齢化しており、テレビを離れて

YouTubeになじんだ世代も中年になってきた。より若い人々が夢中になって見ているのはTikTokやインスタのリールといったごく短時間の動画だ。YouTubeでさえ、ショート動画というごく短い動画に注力している。年齢層が低いほど「せっかち」になっているような感覚になる。

短い時間でニュースを伝えきるのには困難を伴う。というより無理だと思っている。確かにTikTokの中には、ごく短い時間でニュースを伝えているものもある。ただ、私が知る限り、時間内に収めるために要約しすぎていて、伝えるべきさまざまな注意点や前提を飛ばしてしまっており、非常に危険だと感じる。

第5章で紹介したように、音声も有望な届け方だとは思うが、その規模はまだまだ小さく、どこまで育つかは見通せない。

一方で、文章が不要になるとは思えない。前述の通り音声であれ動画であれ、脚本・台本のもととなる文章は必要だからだ。情報を伝える方法・順序が受け取り手にとって心地良くなければ、情報は届かないから、少なくとも脚本・台本としては生き残るのではないかと考えている。

この状況は、ＡＩが登場してきた現在でも変わらないと思う。確かに、２０２２年に登場したチャットＧＰＴによって、「文章を書く」状況は一変しつつある。知人の大学生によると、大学の講義の課題としてレポートの提出を求められた学生たちが、チャットＧＰＴに文章を作成してもらうのはもはや日常になっているという。

ＡＩを使えばあらゆる文章をまとめることが可能になるため、人の手で文章を編集しなくてもよくなる。数年後には、デジタル世界はＡＩが作成した文章であふれているのではないかとも予想されている。ただ、本当にそうなるとすれば、人の手で編まれた文章の価値はより上がり、重宝されるかもしれない。そう期待している。

最後に、本書は47リポーターズを執筆してくれた同僚記者、デスクとの日々のやりとりなしには書けませんでした。大変感謝しています。

２０２４年12月

斉藤友彦

斉藤友彦（さいとう ともひこ）

共同通信社デジタル事業部担当部長。一九七二年生まれ。名古屋大学文学部卒業後、一九九六年共同通信社入社。社会部記者、福岡編集部次長（デスク）を経て二〇一六年から社会部次長、二〇二一年からデジタルコンテンツ部担当部長として「47NEWS」の長文記事「47リポーターズ」を配信。二〇二四年五月から現職。著書に『和牛詐欺 人を騙す犯罪はなぜなくならないのか』（講談社）がある。

新聞記者がネット記事をバズらせるために考えたこと

集英社新書一二五〇F

二〇二五年二月二二日 第一刷発行

著者……斉藤友彦

発行者……樋口尚也

発行所……株式会社集英社

東京都千代田区一ツ橋二-五-一〇 郵便番号一〇一-八〇五〇

電話 〇三-三二三〇-六三九一（編集部）

〇三-三二三〇-六〇八〇（読者係）

〇三-三二三〇-六三九三（販売部）書店専用

装幀……原 研哉

印刷所……TOPPAN株式会社

製本所……加藤製本株式会社

定価はカバーに表示してあります。

ISBN 978-4-08-721350-8 C0295

Printed in Japan

a pilot of wisdom

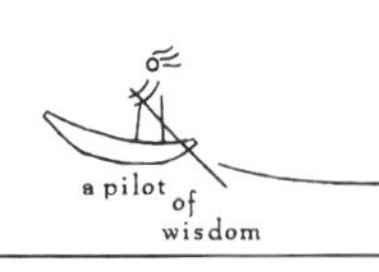

集英社新書　好評既刊